宜居家园

桂林乡土建设初探

王建宁　林兵　许稳刚　著

本书得到桂林市综合设计院资助

中国建筑工业出版社

图书在版编目（CIP）数据

宜居家园:桂林乡土建设初探/王建宁，林兵，许稳刚著.
—北京:中国建筑工业出版社，2019.8
ISBN 978-7-112-23898-9

Ⅰ．①宜… Ⅱ．①王… ②林… ③许… Ⅲ．①农村住
宅—建筑设计—研究—桂林 Ⅳ．①TU241.4

中国版本图书馆CIP数据核字(2019)第129156号

本书以长期的调研为基础，阐述了城市与乡村在气质上应有的区别，深入分析了桂林地区乡村建设中存在的诸多现状问题。书中根据未来乡村居民的家庭构成和生活方式需求，设计了三类户型并据此衍生出多种外形和组合方式，以探讨乡村建设的观念。配合作者在国内外考察拍摄的大量照片进行对比、分析和论述，对乡村建设提出了从户型设计、传统元素的继承，到景观营造、传统建材，再到古民居保护以及参考评分标准等多方面的理念和建议。

本书定位为乡村建设科普书，适用于乡村居民、乡村工匠、村镇管理人员及关注乡村的人士阅读。

责任编辑：胡永旭　唐旭　贺伟
责任校对：赵听雨

宜居家园　桂林乡土建设初探

王建宁　林兵　许稳刚　著

*

中国建筑工业出版社 出版、发行（北京海淀三里河路9号）

各地新华书店、建筑书店经销

北京富诚彩色印刷有限公司印刷

*

开本：880×1230毫米　1/16　印张：19½　字数：407千字

2019年8月第一版　2019年8月第一次印刷

定价：240.00元

ISBN 978-7-112-23898-9

(34213)

作者简介

王建宁（1973.09），高级规划师，注册城乡规划师，任职于桂林市综合设计院，文史哲爱好者，长期关注教育以及乡村问题，以建筑方案和规划设计见长。研究方向：建筑设计、城乡规划、乡村旅游规划。

林兵（1970.12），瑶族，工程硕士，高级规划师，注册城乡规划师，注册咨询工程师（投资），中国绿建委委员，桂林市城市规划设计研究院副总规划师。专注于桂林及周边地区的城乡规划、旅游规划及绿色建筑的规划与研究，主持完成了多个重大规划项目的编制。在各类专业期刊上发表论文十余篇。

许稳刚（1981.07），高级建筑师，一级注册建筑师，桂林市综合设计院院长。长期从事建筑设计实践与研究，对桂林地域传统建筑有着深刻的认识。对乡村怀有深厚的感情，希望以自己所学为乡土建设贡献一份力量。

序

　　乡土建筑是一个地域、一个历史时代从土里生长出来的原住民的居所，有着历史文化及地域文化特征。因此，具有明显的地域差别和民族特色。

　　村落是传统文化的根脉，是历史和文化的载体，乡土建筑扎根于特定的地域，反映了每个历史时期的特点。但在社会经济转型、生产方式改变、现代生活模式的冲击下，乡土建筑向何处去？中国建筑向何处去？桂林现存的传统村落，因种种原因，颓败毁损者甚多。新建筑要延续传统形式，何以为是？这些都是业界人士所关注的焦点，也是乡土建设研究者所面临的重要课题。

　　本书将读者定位为乡村居民，助其开阔认知，这一尝试很有意义。此书着眼于在新建民居中传承文脉，清晰而系统的指导信息及人文思想，使乡村居民建房时不至在身边的大量杂乱信息里无所适从。版式还考虑到了读者的特点，图幅与文字均适当放大，翁媪可读。

　　建宁、林兵、稳刚是我的常客，成书期间，常来与我研讨，虽偶有见解不同，但独立思辨可嘉。王、林二人喜好读书与旅行，行万里路，读万卷书，厚积薄发；稳刚作为一院之长，怀此理想，善莫大焉。感其诚，为之作序。但著书立说只是第一步，往后还需发放到乡村，并长期置身田野，助乡村居民扭转观念，任重道远。此为公益，须有恒心者方可为之，希望他们能坚持下去。

鲁愚力

二零一九年五月

前　言

乡村，是农耕文明的载体，传统文化的根脉。观乡村往事，几乎就是半部中国史。凡中国人，大都与乡村有着千丝万缕的联系。然而在近年快速城镇化进程中，乡村的变化喜忧参半。如何在提升乡村居住条件的同时，保留传统的精神之美和乡村特有的韵味，考验着人们的智慧。

本书源于对两个项目产生的思考：其一是阳朔县住建局委托桂林市综合设计院编制的《阳朔乡土建设参考图集》，其二是我院与桂林电子科技大学合作对桂林地区多个古村落的传统民居进行的考察和数字测绘。

在项目调研时，我们看到近年来出台了大量由政府主导的农房建设技术图集与整治措施要求，力度不可谓不大，成果不可谓不精，但总体感觉收效并不明显。如何有效地改善乡村面貌，建设习总书记倡导的"注意乡土味道，保留乡村风貌，留住田园乡愁"的宜居村落，使建筑与山水相得益彰，渐渐地化为设计人员的乡愁。

技术图集大都服务于政府部门的管理需求，长于管控而短于宣教。如何帮助乡村居民和乡村工匠开阔眼界，拓展思路？怎样才能促成管理者、设计者、施工者与使用者四位一体，在同一个平台上对话？

是否可以编制一本面向乡村居民与乡村工匠的书，送到乡村？

在桂林乡村进行调研时，最明显的感觉是乡村缺乏活力。年轻人大多外出打工，留下老人与小孩，亲子常年离散。许多农户既不种田，也不养殖禽畜，靠儿女打工寄回家的钱买粮生活，仅余农民身份。不少空心化的村庄正在逐渐凋敝消失。

乡村人口的流失是城镇化大势所趋，因为现代化的社会只需要少数人从事农业生产。但随着社会经济水平的提高，越来越多的人开始关注食品安全，生态农业正悄然兴起。一方面，互联网和物流的发展，使鲜活农产品的营销和快速配送有了技术突破，中高端价位的有机农产品市场在逐渐形成，需要人力；土地确权之后流转将会加速，有望促进集约化生产，同样需要人力。另一方面，常年的离散，使人们在亲情的缺失以及留守子女教育的问题上开始反思。未来留在乡村的人们，将是出于对职业和生活方式的主动选择，而不是与生俱来的户籍身份。他们可能原本就来自乡村，也可能是城市居民。这些人将是未来乡村建设的中坚力量。

乡村历来就是农林牧副渔、工商建运服多业并举，近年又有民宿、旅游、养老、电商、物流等新兴产业，与现代化农业有机结合，利用互联网健康运作，未来的乡村居民完全有望过上富足而有尊严的生活，甚至在很多方面让城市的人们羡慕。

以上种种，对家乡的硬件建设提出了要求，同时也对人提出了要求。家园怎样才能更宜居，让我们魂牵梦萦，为之骄傲？

开个好头很重要。

外出务工的人们，大都会把自己辛苦劳作的收入拿回家来建一栋房子，作为留在乡村的大本营，也让家人在村里抬得起头。但乡村因为信息相对闭塞，攀比和跟风心理盛行，大量民房由于设计阶段考虑不够周详，施工时又受制于资金和工艺，建设起点不高；等到希望提升改造时才发现原来的底子太差，拆了重建可惜，靠"整容"又难以提升，陷于两难境地。

在我国乡村，低效重复建设非常普遍，不光人、财、物力大量浪费，还严重破坏了生态，威胁后代的生存。如果在设计初期多思考一下，多投入一点，虽然在开始阶段会面临一些困难，但进行的都是有效建设，已投入的成本不会浪费，今后再追加投资进行改善的边际成本会更低，边际收益更高，"将就着过"的情况就会更少。从长远看更为节约。做工程的人都知道，头没开好，返工改造比重做更加费事。所以，谋定而后动，才是真节约。

走出乡村的人，大都有过这样的心路历程：起初觉得自己已经不再属于乡村，但又不被城市完全接纳；等到完全融入城市，成为精英，却无法割断乡愁，因为这里有他们的根。曾经沧海、阅历广博的游子，新年和清明回家省亲，住在熟悉又陌生的环境，饱含深情之余，又感到诸多不适。相逢的喜悦褪去之后，还留下了什么？是否想过再投入一点关爱，将家园建设得更宜居，温暖这丝乡愁，也温暖父母孩子的心？

心境与山水、建筑同美，才是大美。用心营造家园，让乡村居民重新找回归属感——这里就是我们的根。

本书以桂林地区乡土建设为研究对象，虽发端于技术图集，却重在探讨观念。一旦观念跟上时代的步伐，技术的问题就会迎刃而解。只有方向对了，速度才有意义。

目　录

第 1 章

城乡之别

——乡村需要和城市长得一样吗？

1.1　城市与乡村的区别

作为人类文明的前沿，城市拥有更多的机会、更丰富的人际生态、密集的信息流、完善的设施以及便利的生活条件。乡村是文明中变化较慢的一极，物质条件相对落后，但贴近自然，环境优美，人际关系单纯，能享受慢节奏的生活。少有交通堵塞、空气污染、过度焦虑等城市问题的困扰。

城乡之间的引力是相互的。乡村的人们，渴望城市精彩的生活和更广阔的人生舞台，而城市里的人们则希望偶尔回到乡村去感受自然。然而乡村由于文化自信的不足，在追求物质条件改善的过程中渐渐抛弃了一些自己的特色，甚至牺牲了生态环境，使得乡村对外部的引力减弱。其实改善物质生活，并不需要丢掉自己的传统特色。作为文明的两极，本就不应该变成一样。

互联网使世界扁平化，缩小了空间距离对人类的限制，城乡在空间上的分界逐渐模糊，生活方式上的差距也在缩小。如今乡村的人们也能足不出户，通过互联网完成工作、社交、娱乐、购物；村村通路使交通瓶颈也不复存在。教育和医疗虽仍有不小差距，但是互联网让获取知识变得极为容易，能否提高自己主要取决于个人对于知识的渴望程度，而不在于学习场所；远程诊疗技术也能部分克服乡村看病难的问题。这种无形的城镇化让城乡之间日常生活差距缩小是应该的；但乡村的文化特色与空间形态却应该与城市拉开差距，否则将可能失去对外部经济环境的引力。

网络时代的人们彼此学习乃至抄袭极为普遍，各地渐趋同质化。而错峰竞争就是要避免同质化，突出差异性。于是大家又纷纷开始寻根，挖掘自己的历史文脉，没特色打造特色，没故事就演绎故事。在这样的背景下，抛弃自己原本就有的传统与特色显然是不明智的。

"土"是乡村风貌区别于城市的重要标志，也是商机所在，不应抛弃。谁不是冲着"土"而来到乡村呢？在当下时代，"土"早已不是一个贬义词，它代表一种积极的生活态度，具有传承历史的精神内涵，蕴含着各种古朴之美。各式各样的"土"是外在形态，只要处理得当，内部都可以完全兼容最现代的生活方式，二者不但没有矛盾，对比反衬下更是魅力无穷。但需注意，土就土到家，洋就洋出范儿，不土不洋最尴尬，而这恰恰是当今乡村的普遍问题。

以下从平面布局形态、道路交通组织与建筑空间形态几个方面来帮助读者理解如何在宏观层面保持乡土特色。

❶

1.2　乡村的特征

1.2.1　平面布局形态

高迪曾说："直线属于人类,曲线属于上帝。"

这句话可以理解为:曲线更加贴近自然。城市中车速较快,道路线型也就需要更平顺,截弯取直。于是路网骨架随之增大,平面布局趋于规整。而传统乡村较少经过现代意义的规划,道路往往依山就势,以建筑为界形成折线,以步行和非机动交通为主,因而保留了曲折、蜿蜒、小巧的路网骨架,从而形成了相对自由的布局以及许多有趣的空间,加上外围的山川、林木作为背景,乡村的平面构成,曲线明显多于城市。

1　传统的古朴与现代的洒脱对比之下更具张力(阳朔喜岳云庐)

2　平面布局自由的乡村

3　平面布局相对规整的城市(本书所采用的卫星图片均来自谷歌地球截图)

但在新一轮的村庄规划大潮中,出现了不少平面布局整齐划一的村庄,道路宽直,形似兵营,富于变化的空间形态不复存在。如何在乡村规划中合理照顾自然肌理和历史脉络,保留乡村的韵味,需要设计人员扎实做好现场考察与访谈,用心琢磨。当规划力所不能及之时,应积极采用其他技术手段予以弥补。不应图快捷而轻易牺牲地方文化和空间特色。

乡村有自己的个性,尤其是风景优美和历史悠久的村落,更适合自由式布局,或许可以说:直线属于城市,曲线属于乡村。

1.2.2　道路交通组织

静态交通(停车问题):步行带来人气,车行只有尾气。对于居住环境来说,机动车只有负面贡献:影响安全、污染空气、震动、噪声及占用场地。这是人类为获得出行便利性付出的代价。虽然惰性和炫耀心理让人们都希望把车停放在自家门口,但这样会把仅有的一点室外场地变成停车场,占用人们的休憩空间。而这些室外场地恰恰是乡村比城市环境优越之处,本可做成绿地提升居住环境质量,如果停放机动车,景观和文化氛围都难以营造,这一优势将不复存在。

安徽宏村的经验可供借鉴（尤其是发展旅游产业的村庄）。宏村在村外设置了一个集中停车场，供村民集中停放私家车，汽车不进村。货物用三轮车或其他非机动车转运，消防车也采用特制的小型车辆。虽然牺牲了一些便利性，但是不必为了拓宽道路而大拆大建，古村落街巷格局得以保护。画家、摄影家、影视团队纷至沓来，进一步扩大了影响。村民不但由此致富，而且在与八方来客的交流中，拓展了视野，增强了自信，找回了尊严。桂林鲁家村也采用了这样的停车方式，为村中保留了完好的人文环境。在发达国家，人们为了守护传统文化而舍弃生活便利性的案例很多，皆出于文化上的自觉。倘若宏村将机动车引入村内，就不会有如今的大好局面。

4、5
布局过于规整而失去乡村自然之美的新农村（图4为无锡华西村，图5为上海天平村）

6　依山就势，布局自然的龙胜平安壮寨

7　位于宏村外东南角的停车场

8　非机动车穿行于宏村的窄巷中转运货物。该举措维持了村落的原有格局，也保护了古老的石板路

9　供村民使用的村外停车场

10　机动车的进入使国家级文保单位——通道芊头古侗寨的人文气息受到很大的负面影响

动态交通（通行问题）：乡村交通流量远不及城市流量大，因此并不需要太宽的道路。村庄主干道保持一定宽度，满足机动车通行和会车即可。传统村庄里建筑往往就是道路边界，难以满足机动车道在线型和用地方面的要求；新村中过宽的道路又很容易演变成沿路停车带和堆场，最终不仅不能创造更多通行空间，往往还会因为引入过多机动车带来交通拥堵，破坏人文环境。

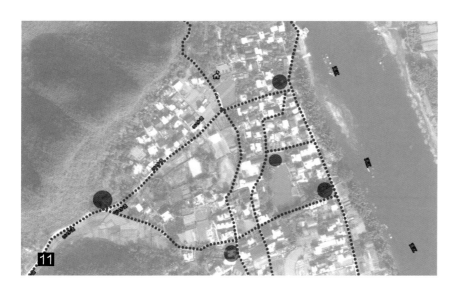

以阳朔沿漓江某村为例，可根据场地富余情况，在村口和村内的主干道旁，设置一处或几处集中停车场，村民私家车就近停放后步行回家，宅间道路不拓宽，村庄尺度得以保护，有利于旅游业的长远发展。这种模式，恰恰符合当今城市中慢生活街区的营造理念。步行街区正是为了挽回环境质量才将机动车挡在外面。

1.2.3　建筑空间尺度

空间尺度主要取决于间距与高度。建筑之间与人际关系相似——距离产生美。如果将一条街道切为两半，就可以看见剖断面。在建筑高度、道路宽度与人的高度这三个元素之间，需要有个恰当的比例，才能让人感觉舒适，不同的比例给人以不同的空间感。随着身边的建筑逐渐增高，人们的感觉会从"开敞"渐渐变成"围合"，再到"封闭"。封闭空间会使人感到压抑。

为了满足卫生、日照、消防和空间尺度等多种要求，维持一定的环境质量，城市中有严格的管理规定，建筑之间必须拉开必要的间距，否则就不能获批；乡村则不同。传统村落虽然也是建筑密集，街巷窄小，但以一至二层为主，坡屋顶有效压低了檐口的高度，使建筑尺度宜人，开敞与围合空间穿插交错，街道

高宽比依然舒适，空间感优于城市小区。而现在这一比例被打破，间距未变而高度增加，封闭空间增多，"一线天"比比皆是，又缺少优美的建筑造型和景观来缓解观感不适，感觉比城市还要局促。人们通过拔高楼层数量得到了更多的建筑面积，但牺牲了环境质量。给人带来愉悦的不仅是室内空间，室外空间尺度与环境也同样重要。人们往往乐于占有和经营自己的小空间，而忽略外部的大环境，是否宜居，其中利弊得失值得仔细权衡。

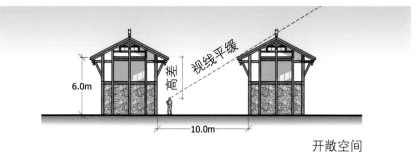

开敞空间

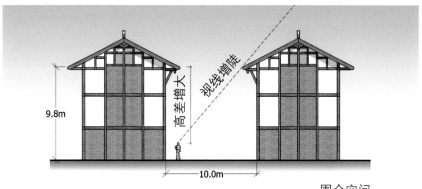

围合空间

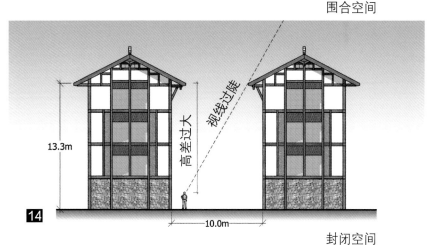

封闭空间

11　阳朔某村集中停车场设想

12　日本京都先斗町，道路宽度不足两米，两边是鳞次栉比的商铺。由于建筑小巧，造型精致，行人的视点高度与屋檐之间落差也小，虽然路窄，感觉并不压抑

13　浙江乌镇的街道。同样是窄路面，但两侧建筑不高且有错落，时有一层建筑或小场地出现，空间变化扬抑有序

14　街道高宽比例剖面示意。同样宽度的街道，随着两旁建筑的增高，视线也随之变陡，天空越来越难以看见，空间感逐渐变得压抑，居住环境质量下降

15、16　村庄主路两侧过高的建筑制造出的封闭空间，又缺少景观的装点，环境质量不佳

绣溪上小亭，
倚虚阑听雨声。
芝山下老僧，
著烟蓑自在行。
绕城炊雾三千尺，
浮翠新篁又一层。
是无情，若有情，
天半垂虹照眼明。

绣溪上小桥，
倚斜阳听暮涛。
芝山下白茅，
掩柴扉不用敲。
绕堤八处湘妃竹，
八处玄都道士桃。
鱼一条，酒一瓢，
醉后风光分外饶。

卢前　溪山偶写

乡村的空间形态，布局应有机、自由。建筑不高，道路不宽，小巧的院落，茂密的植被，民居自然、逻辑、诗意地生长于其所处的环境中。

卢绳

溪山杂咏

苦雨棠梨满地花。
惊风杨柳漫天絮，
残春暖气透窗纱，
经月无书遂忆家，
何事渔人不问津？
避秦多少桃源境，
隔江倍觉一番新。
嫩柳娇花处处春，

安排未耜待春耕。
应得结庐田垄上，
是处江声与鸟声。
福泉桥下径纵横，
权向溪庄住两秋。
八年浪迹蚕丛道，
偏朝门外对江流。
一脉青山万树幽，

廉园建筑

乡村的尺度 宜人
乡村的质感 朴实
乡村的味道 接地气

差异产生流动，流动产生活力。这是自然规律，同样适用于社会。

地位有差别，人们才会追求改变；文化有差别，人们才渴望去远方旅行。无论物质环境还是精神世界，如果彼此趋同，没有差异，人们就会失去改变自己的动力，社会也因此失去活力。和而不同，才能彼此吸引。乡村要想保持引力，就不能机械地照搬城市模式，而是应该在追逐现代生活方式的同时，保持和传承自己的特点，有所为有所不为。

第 2 章

现状问题分析
——为何我们的乡村还不够美？

桂林山水极其入画，但民居则不尽如此。建筑是山水的装饰品，荣，则山水增色；损，则山水无光。现代民居虽不乏好的案例，但整体水平尚有不少可提升的空间。

桂林乡村建筑密度大的问题一直就有，近年来又有所加剧，但密度大不是风貌欠佳的唯一理由。条件的限制让人被动，但它也激发人的创造力。对于希望长存的村庄而言，如果无法靠疏解密度来提升环境质量，就需要在"螺蛳壳里做道场"：依靠建筑造型、墙面肌理以及绿化和人文景观来创造神奇，让逼仄的空间变得有趣味。欧洲许多村庄也是密度大、建筑高，但感觉却丝毫不差，原因就在于此。

以下将依次从坡顶、高度、绿化、造型设计、露台、水箱、墙面、窗口、窗楣、墙厚、院落等元素进行分析。希望读者们能够借此思考自家房子的问题出在哪里，进而开动大脑，将手上的坏牌打好。如果在建设之前通过设计预先解决这些问题，桂林乡村的居住环境将有望取得显著提升。

1 山水与建筑是荣辱与共的，它们是一个整体，近看是背景与前景的关系，远看是主题与饰品的关系，无法割裂开来分别欣赏

6

2.1 平顶过多，
  坡顶过缓；
  全坡太少，
  色彩不当

如果说民宅是一座人像，那么外墙是人脸，窗户是人眼，坡屋顶是头顶堂皇的冠冕；如果说民宅是一个"家"字，坡屋顶就是那个宝盖头。看一看家、宅、安、定、宁、实、富、宝、宫这些汉字，就能明白这个部首为何被我们的祖先赋予了"宝盖"这样一个高贵的名字。古代建筑的等级形制，也是通过坡屋顶的外形来体现。

坡屋顶是有所指向的，带有一股蓬勃向上的冲天气势。设若去掉人像的头发或冠冕，或搬走"家"字上面的宝盖，就成了平屋顶。相比之下，平屋顶无所谓指向，只有使用功能，观赏功能是缺失的。由于它不能被地面的人们看见，对建筑容貌的贡献为零，唯有站在高处可以看到，但观瞻往往乏善可陈。

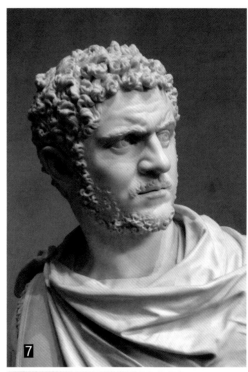

7

8

2～5
  建筑造型、墙面肌理、绿化和人文景观是化解拥挤空间不适感的重要手段

6 坡屋顶需有足够的视觉体量，才能形成"宝盖"的气势

7、8
  以人像类比坡屋顶与平屋顶

9 无论城乡，住宅的平屋顶普遍观瞻欠佳，很容易发展成消极空间

9

16

10

人们都曾听说丽江很美，欧洲也美。而这些照片给人留下第一印象的，显然还是屋顶。成片的坡屋顶形成韵律和节奏感，如同森林中每棵树都贡献出一个树冠，队列中每个士兵都高举着一面旌旗；又仿佛一件巨大的礼服，将形形色色的建筑统率起来，把杂乱的设备与构件统统掩盖，使眼前的景物变得单纯而有主题。坡屋顶是人工环境向自然环境过渡的关键媒介，使建筑友好地融入自然环境中；它也形成了世界各地的色彩语言，折射出不同的民族特色：橘红屋顶——欧洲的热情奔放；粉墙黛瓦——中国的内敛含蓄。

11

10　丽江大研古城
11　捷克小镇克鲁姆洛夫
12　德国城市班贝格
13　坡顶内形成的空间比平顶更为
　　有趣

12

13

坡屋顶使建筑在视觉上的体积感缩小。相比平屋面生硬的天际轮廓线，坡屋顶形成的天际轮廓线像绵延起伏的山峦，使人感觉稳定而亲切。有坡屋顶镇住民宅，才能控制建筑外墙臃肿的体积感，使屋顶的水箱、太阳能热水器以及堆放晾晒的杂物不至沦为环境中的不和谐因素。当发型不够理想时，人们会戴上帽子进行修饰，与建筑的审美机制异曲同工。桂林山水独步天下，尤其需要"戴帽的房子"来装饰。

坡屋顶的倾斜度还使它具有更好的排水性能，不易发生屋顶渗漏。拱顶内部可以形成有趣的室内空间和阁楼，也能利用热压差散热、通风、隔热以及隐藏各种建筑设备。因为这些优点，所以坡屋顶被世界各地的人们所钟爱。

14～16
群山般绵延层叠的坡屋顶，为世界各地的人们带来美的感受

14

15

16

18

18

17　桂林乡村新建民宅中绝大多数为"秃头"的平屋顶

18　正规施工的混凝土现浇坡屋顶建筑（成都博客小镇）

19　介于坡顶与平顶之间的民宅，"第五立面"几乎没有展示面

20　没有铺瓦的平缓屋顶

21、22　对比同样距离和角度的两栋民宅，可以发现坡度过缓会导致屋顶不可见

23　高纬度地区民宅为防止积雪，屋顶坡度更大，从而形成更为鲜明的主导色面（班贝格）

24　同一组建筑，由于后排坡度过缓，没能形成拱形以及主导色面与背景山体有机地衔接，而前排建筑表现上佳

19

20

然而根据调查，桂林乡村近年来新建的民宅中，绝大多数为平屋顶，全坡屋顶占比很少，且多数过于平缓，坡度小，出挑小，感觉镇不住下面的房屋。有些缓坡顶甚至没有铺瓦。

屋顶大多用来安装水箱等设备，不适合活动，渗漏多有发生。之所以大量采用平缓屋顶，有节省造价的考虑，也有为了降低坡屋顶施工难度而折中的因素，审美暂不在考虑之列。但资金与施工的困难是暂时的，建筑一旦完工，好看存世几十年，难看照样几十年。长痛短痛如何取舍？

如同人像中头发与脸的比例关系，坡屋顶和墙面的关系也须恰当，坡屋顶需要达到足够的斜度，拱得够高，才能占据足够的面积比例，形成上述视觉效果以及内部使用空间。坡度过小，会导致坡屋顶占比太少，墙面占比太多，建筑体积感会被放大。如果坡顶不够陡，出挑不够深，远观时则无法形成主导色面，统率全局；近观时只能看到墙面和屋檐底，无法看到坡屋面，几乎与平屋顶无异。

平屋顶使场面变得杂乱，人工环境与自然环境之间缺乏有机的过渡

坡屋顶使场面变得单纯而有主题，向自然平稳过渡（龙胜县白面红瑶寨）

27 坡屋顶将各种杂乱元素统统掩盖于屋面之下（奥地利哈尔施塔特）

28 当坡度和出挑不够导致坡屋顶面积缩水时，就无法压制现代民宅臃肿的体积感；过艳的色彩也与桂林的山水人文气质不符，而周边的传统建筑则表现上佳

29、30 从空中鸟瞰，平坡屋面对比高下立现

31 建筑各具特色，却又统一在坡顶的造型和色调之下，和而不同。灰色坡屋顶带给哈尔施塔特无穷的魅力

坡屋顶是乡村建筑外形之首重，直接决定了建筑的相貌格调。坡屋顶问题也是当今乡村面貌欠佳的头号原因，采用坡屋顶是治疗又高又密的乡村面貌最有效的解决手段。乡村居民在满足实用的基础上可逐渐向美观过渡，尽量创造条件采用全坡屋顶。屋檐要有一定的出挑深度，坡度宜在1：2左右。如果建筑偏高，坡度也应相应增陡，与墙面保持恰当的视觉比例，"宝盖"才能从视觉上镇得住下面的住宅，村庄也才能融入自然。

32

2.2　建筑偏高，密度过大

建筑过高是乡村面貌欠佳的第二个重要原因。

传统三开间格局的民居，是宽度大、高度小的横向形体，易于用植被遮挡；大坡屋顶和谐地帮助建筑融入自然。随着大家庭制的瓦解，分家居住带来家庭结构和生活方式的变化，以及政策对宅基地指标的控制，导致乡村三大空民宅逐渐式微；宽度小、高度大、竖向形体的民宅越来越多，乡村建筑形态与城市一样经历了由横到竖之变。民宅大多三层两开间，高度大于面宽，层高也普遍高于城市住宅，即使相同层数，也比城市建筑显得更高；缺少坡顶和植被遮掩又使得体积感难以被压缩。虽然大多家庭2层即已够用，但仍普遍起到3层或更高，楼顶用不完的房间，充当了隔热层和杂物间。

33

34

35

追求高度的原因之一是颜面。无论生活水平如何，自家房子不能比别人矮，否则会觉得在村里抬不起头。这是中国各地乡村普遍存在的心理。第二个原因是希望提高得房率。

但是，本已拥挤的居住区高度再上升，环境品质会明显下降，尊严何来？房间看似越多越好，亲朋回乡住得下，经营民宿也能卖更多钱。但"拥有"总是要付出代价的：使用率太低，增加楼层的土建和装修造价以及维护成本未必合算；久置的房屋会受到各种自然力的侵蚀，缺了人气，偶尔使用不舒适；被服、家电、建筑要常用才不易受潮损坏。一朝户口入城，房子可能就成了鸡肋——今后几十年谁来住？生于城市的后代们没有乡村生活的经历，不会有这代人的乡愁，也无法继承；卖掉舍不得，回来度假又不够享受；倘若经营民宿，游客是不会轻易为环境不佳的住处花钱的，有些用料过省的民房安全性也缺乏保障；想要追加投资升级，当初的建设起点太低又使改造难以得到实质提升。

32　传统民宅的横向形体

33　现代民宅的纵向形体

34　相比传统民宅，现代民宅由于过高，又没有坡屋顶和植被的掩饰，体量显得大而不当

35　过高的房屋让室外空间显得压抑，环境质量下降

36　本已很密集的村落，建筑变高以后显得更加拥挤

37、38
任何事物，仅仅占有是不够的，还需要经营。形态近似的角落，既可以弄得很凋敝，也可以做得很文艺，同时也决定了这片资产未来的价值

解决方法很简单：转变观念，从"比高度"转向"比质量"。层数够用就好，层高不宜过大。与其把钱花在高处闲置，不如用来提升地面的环境品质；宁可初期装修简朴一些，也要打好建筑的底子，使住宅具有远期价值。这样今后才能住得舒心，做民宿也能卖出更好的价钱。

39 民居现状

40 "穿衣"之后的效果

41 再进一步，"着裳"之后的效果

2.3 缺少绿化

缺少绿化是乡村面貌欠佳的第三个重要原因。

2.3.1 视线分析

假如我们的身材不够完美，挑件合适的衣服遮住自己的缺点，就成为一件很重要的事。建筑与树的关系，就像人与衣服。高大的树木是建筑的"衣"，修饰它的上半身；低矮的灌木和景观构筑物是建筑的"裳"，修饰它的下半身。对比这三张图，可以发现，即使还没有对建筑做任何处理，仅靠绿化，就已经使建筑与环境友好起来。可见绿化的力量之强大。建筑的轮廓直线居多，显得生硬。当形体不够理想，难以融入周边环境的时候，自己动手用树木花草遮挡一下，花钱少见效快。树木与建筑相得益彰，令人心情舒畅。

42 树林给人们休憩和想象的空间（四川美院

43　河边小树林（阳朔翠屏村）

44　树林散布在田间水边，庇护劳作的人们，也为乡间带来诗意

桂林不乏植被优美的村庄，但更多的村庄缺少绿化，尤其缺少高大的景观树。人们在乎钢筋混凝土制造的硬环境，而对于建筑的衣服——周边的软环境，较少关注。村中的绿化植物，主要是菜地和果树。瓜果蔬菜是乡村的标识，有其独特的绿化效果；但果树缺乏足够的高度和优美的树形，难以遮掩和修饰高大的房屋。单靠果树是不能替代景观乔木的。人们往往看重蔬果变现的实惠，不爱种植景观树。但谁又能说优美的景观让人心情愉悦、延年益寿不是实惠呢？世间没有比健康更实惠的东西。景观引来游客住宿消费还能够创收。所以种植不结果的景观乔木同样是务实而有回报的。除了美化环境，树木还有更为重要的生态作用，净化空气、为建筑遮阴保温，节省电费。

45　高大的乔木可以轻易将建筑掩映起来，并减少气温波动（翠屏）

46　再美的建筑也少不了植被的装点（法国戈尔德）

47　茂密的森林包裹着巴伐利亚的乡村（王建宁　摄）

下图为德国南部巴伐利亚州的乡村，除了建筑、道路和场地，地面全部为植被所覆盖，见不到裸露的黄土，屋内经久不积灰尘。单看山水其实不如桂林，但整体感觉优于我们的乡村，原因很简单：大树更多；建筑外形更好。通常我们对风景优劣的评价，很大程度上取决于植被，而大树又是个中关键，其景观和生态价值远高于灌木和草。

48

49

50

树，是大自然对人类的馈赠。城市居民大多只能在阳台栽种盆栽植物，而乡村有室外场地的优势，有条件植树，不加利用实在可惜。纵观国内外，优雅的乡村，总是少不了树的陪衬。

48　以美国洛杉矶为例，建筑及配套设施近似的居住区，只需观察树的多少就能判定居民的富裕程度。树多的住区房价明显高于树少的住区，居住环境也更好

49　绿树环绕的乡间民宅（法国普罗旺斯）

50　丹巴其玛卡藏寨，被誉为中国最美乡村

51　童话乡间（新疆白哈巴村）

52　梦幻彩林（四川甘孜州八美乡）

53　建筑过密导致村中没有绿化用地

54　大树往往只存于传统村落，新建房屋的区域普遍将建筑周边场地硬化，导致无法种树（灵川县雄村）

55　相邻的两户，草地与水泥形成鲜明对照

56　碎石铺地结合铺砖，可满足多种场地需求

57　碎石道路与两旁草地边界柔和（德国菲森）

51

52

2.3.2 场地分析

从场地资源来看，很多村庄由于中心建筑太密，没有场地种植乔木和地面绿化；而相对宽裕的位置，往往成了硬化场地和消极空间。

硬化场地（主要指水泥铺地）使降雨无法自然下渗，全部变成地表径流进入排水系统，以致水满溢流，这是近年来城市内涝频发的主要原因。地下水位由于得不到雨水补充而下降，又造成地面沉降，拉裂建筑和道路、管道等设施。现在乡村硬化场地正在逐渐增多，不是好现象，不能再步城市的后尘。水泥地不易营造具有亲和力的环境。最简便有效的疗法就是使用碎石铺地代替硬化场地，划出部分改做绿地。

采用小粒碎石直接铺洒在泥土之上，同样能满足活动、停车、晾晒（可购晒谷垫解决）等功能。绿地与场地均可渗水，且边界柔和易于调整，质朴自然。发达国家上至皇家花园，下至民间庭院均广泛采用碎石铺地。晴天地不扬灰，雨天脚不沾泥，尘土被洗到石缝下，具有自净功能，不易积水。由于石子的活动性，人们不慎摔倒时还可得到轻微缓冲。

消极空间是指没有被人加以利用和管理的场所，往往是野草丛生、杂物成堆的闲置地或边角地，容易演化为各种脏乱差，不利老人孩童安全。其中既有缺少劳动力的原因，也与人们对审美与环境的要求有关。在发达国家，消极空间往往被改造为有趣的绿地。对于村里权属明确又没有建设安排的闲置地和边角地，村民可参照本书第五章内容，栽种树木花草或设置景观小品，积少成多，村庄面貌就能发生质变。即使垦为菜地也好过撂荒。拾掇花草有益留守老人和儿童的身心健康，减少儿童沾染不良嗜好的机会。

58～60
村庄里各种形式的消极空间

61、62
稍加动手，再学习一点园艺，就能变消极为积极，化腐朽为神奇（阳朔格格树酒店 / 哈尔施塔特）

63 依靠设计优化建筑形体和构件，一线天的空间也因有了趣味而不再显得那么逼仄（桂林鲁家村）

64 依靠贴近建筑的墙面和墙脚绿化是解救狭窄空间的一剂良药（哈尔施塔特）

对于建筑密集、空间狭窄难以植树的区域，积极改善近人尺度的感观就成了最重要的手段。绿化方面，依靠爬藤和灌木花草，在墙脚、墙面、窗台、阳台等位置进行立体绿化。窗台外的一盆花，墙脚的一丛三角梅，墙上的一片藤蔓，都能让狭窄又封闭的空间立刻"亮"起来，不光是因为色彩，还因为这些植物代言了居住者的精气神，让路过的人感受到温度与力量。建筑方面，则需利用外墙的质感和优美的建筑构件来提升可读性，让闲置农具立在墙边诉说往事，增加文化氛围。只要勤思考多动手，一线天的窄巷也能做得很精彩。

65　在狭窄的空间里，作为建筑皮肤的外墙要耐得住细看，其质感表现就变得非常重要。图为真石漆涂料外墙，其色彩的运用也很恰当

绿化的手段没有穷尽，核心条件是勤劳爱美。乡村居民可活用各种空间进行绿化创造，房前屋后的空地、田间、水边都可散植景观乔木，首选枫香、乌桕、樟树、银杏、柳树等本地原生树种（不建议种植速生桉，易造成土壤退化难于治理），配合桃树、山楂、百香果等具有季节性景观的果树，既有观赏性，又有经济性。种树不能立竿见影，前人栽树后人乘凉。美化家乡，须有恒心。

2.4 设计相对缺失

设计缺失、工艺局限、村民跟风等原因造成大量乡村民宅造型单调，千篇一律。

乡村建筑工匠一般是本地村民，往往在做出一个款式之后又不断复制给其他村民。没有单独设计，或者有设计却不按图施工的情况较多。之所以要做设计，就是为了把握方向、确保合理、减少浪费。设计费用在建筑总造价中占比很低，省略设计环节是最大的浪费。乡村居民建房之前应积极委托并参与设计，依法报批。建设起点的高低事关住房的远期价值，今天图省事，将来会为难。

工匠是建设中极为重要的一环。再好的设计，没有工匠也无法实现。他们的敬业程度和经验水平最终决定建筑的品质。乡村的经济与建设条件，确实难为了工匠们。但百年前的先师留下的作品，至今令人赞叹，他们又是如何做到的呢？相信每个工匠在谋生之余，心中也会有对荣耀的渴望，希望见证者都在自己的作品前驻足留影，由衷赞叹。建筑与艺术不同：艺术家创作十幅画，也许只拿出自己最满意的两幅面世，失败的作品，观众不知道也无从点评；而建筑师的每一个作品，无论成败，都要矗立世间几十年任人评说，荣辱皆昭然。

66

67

68

69

70

71

72

高手在民间。乡村建设受技术规范的束缚较少，这给了工匠们更大的创造空间，只要心中还有求道精神，偶尔拿出狠劲做个精品，也不失为人生快事。

66~72　注重实用但忽视外观设计的现代乡村建筑

73　露台加顶棚，说明建筑在设计阶段缺乏一体化考虑

74　对露台进行二次盖顶的乡村建筑量大面广，不当的屋面色彩也难以融入自然

75　屋面加盖铁皮屋顶等于打补丁，只能解决实用，难以改善建筑面貌，靠改造也无法根治

76　四川乡村民宅，不追求高度，而将资金用于改善建筑形态和外部环境（四川崇州）

77　日本乡村民宅基本以2层为主，但都极为重视建筑外部的园林景观（日本静冈县）

2.5 顶层利用率低，
　　露台二次盖顶

　　现代乡村民宅由于平顶居多，屋顶大都做成露台。通常露台的功能应该是观景和晾晒。但航拍图显示，很少有人将屋顶露台用于休闲观景，四周密集的建筑也难以提供优雅的休闲环境。留守老人上楼不便，只要有室外场地的家庭，基本都会在地面解决晾晒和休闲问题。露台只为他们提供了一种可能性，实际上与顶层房间一样不常用。

　　露台使下层的房间隔热不佳，而且容易发生渗漏。于是不少乡村居民又用彩钢板将露台重新封顶，这种打补丁的建设方式让民宅外观大打折扣。如果在设计阶段考虑清楚，建房时一次施工到位，就不会有这些问题。

　　露台问题是结果，前面的坡屋顶、层数及设计缺失问题才是原因。对露台需求不大的住户，建议采用全坡屋顶，除了让建筑外貌产生质的提升，改善隔热渗水，还能得到更有趣味的室内空间。

屋顶上林立的水箱令人产生工业区的幻觉

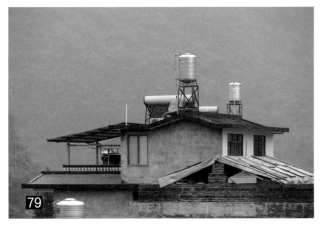

水箱毁掉了坡屋顶的观赏价值

水箱可以隐藏在坡屋顶下的空间内

光伏设备应顺应屋面坡度，顾及建筑美观

2.6 水箱、太阳能热水器严重影响建筑外观

这个问题具有阶段性和地域性。在市政供水尚未覆盖的乡村，村民用水只能自给自足，于是家家屋顶都顶着一套储水罐，给建筑外观带来严重的负面影响。在屋顶安装设备时钻孔作业也容易破坏防水层引起渗漏。

解决问题还需依靠坡屋顶。当坡顶足够陡峭时，降低水箱藏身于坡顶下所损失的水头高度会减小，可依靠感应式增压泵适当加压后使用。代价是使用成本有所增加，回报是提升建筑外观，进而改善大环境质量，从其他方面得益。

太阳能热水器则需要厂家积极配合，研发新型分体式设备，将热水罐隐藏于坡屋面之下，依靠预埋件使集热管平行于屋面坡度安装。建筑设备是建筑容貌的重要组成部分，在精细化设计时代，设备在满足功能之余，也需要积极配合建筑外观的需要，希望生产企业把握时代脉搏，及时研发，为美丽乡村做出应有的贡献。

具备场地条件的村庄，可选择山垭口等地势较高又相对隐蔽的位置建设集中供水设备。不但改善建筑外观，还能提升水质。

2.7 外墙肌理质感不佳

在民宅密集地带,人们在窄巷中几乎是零距离观察建筑的皮肤,外墙是否耐看就变得尤为重要。提升封闭空间的感观很大程度上需要依赖外墙质感。很多乡村民宅在这一问题上较为草率,存在的问题基本分为处理不到位与处理失当两类。

第一类是处理不到位的情况,大多是本应抹灰的混水墙没有抹灰就勉为其难当成了清水墙使用(屋面也不贴瓦),如同起床不盥洗,直接穿着睡衣出门,自然观瞻不佳。真正的清水砖墙无需抹灰层,但对砖的质量和工艺均有很高要求,砖面整洁,勾缝考究;过梁或用石、木,或用砖砌拱券,鲜有混凝土构件。而现代民宅因为结构和工艺变化,砖墙中出现了圈梁、构造柱、过梁等混凝土构件。由于工艺所限,浇筑时模板漏浆以及砌筑时砂浆溅落严重污染砖面,如果不用抹灰层进行覆盖,是无法当作清水墙观赏的,给人的感觉仍然像工地,没有达到清水砖墙应有的建筑语言。这样的外墙渗水几率也更大。

82~84　处理不到位的建筑外墙

另有一些是只对部分外墙抹灰,或者且住且修,逐年加层,人已入住,房子却一直不能完工。这些户主各有难处,希望能在资金缓和时加以处理,适当照顾观瞻,尽量一步到位,断续施工不利质量和安全。

85~87　每一种材料都有其特定的建筑语言,上图为各种清水砖墙的砖艺(四川成都)

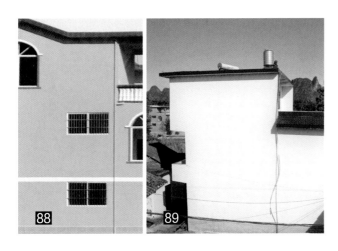

第二类是外墙处理失当的，其中又包括色彩运用不当、贴光面瓷砖以及画砖等情况。

色彩不当，主要是过彩与过亮，或与周边建筑反差过大。桂林山水中，高彩度颜色适合点缀，不适合大面积使用；高亮色（纯白）本无不妥，但因在山水环境中非常显眼，一旦建筑形体不当又没有植被遮掩，纯白外墙反而会放大体积感，强化缺点。建议采用灰白有凹凸肌理的墙面，慎用大面积纯白色。

贴光面瓷砖或三色砖也是处理不当的手法之一。油亮反光的质感以及过于机械的色差，与乡村的自然环境难以调和，现代审美越来越看重肌理和质感，即使是城市，这些材料也在逐渐淡出人们的视线。希望贴砖的乡村居民可采用仿古贴面砖。

外墙画砖是希望事半功倍，但效果不佳，尤其不耐近看。想要依靠绘画产生自然的色差和凹凸感，对施工人员的美术功底和时间投入要求较高，常规涂刷不易达到效果，建议在抹灰阶段直接在灰浆上做出各种凹凸纹理，给外墙营造"皮肤"质感，或采用真石漆和绘画。

88、89　色彩运用不当的建筑外墙

90　釉面砖瓦与乡村的外部环境不协调

91　外墙描砖效果不佳，可代之以绘画

92　外墙抹灰层未干时直接刻出凹凸纹理，之后再刷涂料（德国菲森）

93　成品阳角仿古面砖克服了面砖在阳角露缝的缺陷，效果直逼青砖（阳朔兴坪）

　　说到质感不得不用些笔墨。墙面就是建筑的皮肤，每一种外墙的肌理，都有不同的质感。20 世纪末以来，光滑的墙面大行其道，在当时显得时尚进步，还不用打扫卫生，以至许多人至今都以为房子建好就是一劳永逸不用维护装扮的。但近年来随着人们放眼世界，逐渐发现最让我们感觉亲切的，还是具有肌理的墙面质感。平整光滑的墙面如同将人的皮肤换成了塑料，缺乏真实感。便利与美观，从来就难以两全。

乌镇民宅的浅灰墙面，并非一马平川

阳朔福利民宅的三合土墙面

京都三年坂民宅的彩色砂浆外墙

　　即使人物摄影，也是饱经沧桑的脸更受摄影家青睐。原因在于，粗糙的表面本身就是雕塑，凹凸的肌理在光照下产生的立体感倍显真实，沧桑老旧反而更有故事感。许多经典场所，魅力不在于空间形态的复杂，而是在于质感。

真石漆外墙涂料的凹凸质感（德国菲森）

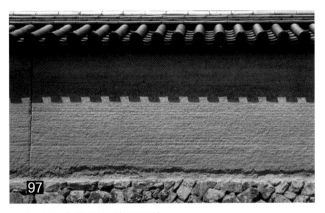

奈良法隆寺的泥灰抹面围墙

某酒店外墙（奥地利哈尔施塔特）

100

101

　　罗中立先生创作的油画《父亲》极负盛名，被誉为"从艺术的天国向现实的复归"。耄耋之年的父亲，因常年日晒而皮肤黝黑，皱纹中流淌着晶莹的汗水；布满创伤的大手，甲缝中残留的泥土，远胜过语言的描述。这幅作品之所以迸发出如此巨大的力量，感动了千千万万的中国人，其感染力有相当部分来源于质感。想象一下，假使换作一位细皮嫩肉的少年端着这碗水，还会有这样的力量吗？左上为罗中立先生的油画原作，其余为根据油画制作的雕塑作品，摄于四川美术学院。

　　人的皮肤如此，建筑亦通此理。光洁的墙面显得干净平整，但也苍白无力，在岁月的洗礼下只会日渐显脏，却记录不下这些故事，缺乏真实感、历史感和力量感。

　　粗糙是"有"，光滑是"无"。肌理使外墙具有了故事性，恰如文字赋予了书本以生命。对质感的追求在艺术中无处不在。以印象派画师为例，对笔触和媒材的玩味已经成为他们的自觉，绘画有时只是提供了一个理由。在快速完成一幅画的过程中享受颜料像泥浆般不断地被涂抹与覆盖的自由快感，甚至超过了表现绘画对象本身。而欣赏颜料的凝结层，也是解读一幅油画的重要乐趣之一。墙面粗糙而立体的肌理，就是画中的笔触。

　　丰富的层次让眼睛可以牢牢注视，借此清楚地判断距离并产生真实感；而光滑的墙缺少可读性，又没有图案让眼睛聚焦，久看令人疲倦。此外，光滑的质感还需要通过粗糙的表面来对比体现。比如玻璃窗对比墙面，更能凸显彼此的质感。

　　如果追求砖墙效果，可采用优质清水砖砌筑房屋，或铺贴仿古面砖，不建议画砖。当材料或工艺不能满足清水墙标准时，建议为墙面抹灰。抹灰外墙可在施工时用利模具做出各种凹凸纹理，再上涂料；还可采用传统三合土代替砂浆以获得更具乡村风情的色调与质感（详见第 6 章）；墙面宜以灰色调为主，彩度宜低不宜高，与周边多数建筑的风格差异也不宜过大。乡村中一户一宅，相比城市住宅更容易尝试不同手法，希望能工巧匠们多多努力。

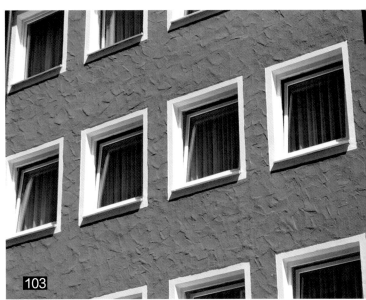

103　光滑的玻璃需要粗糙的墙面衬托（德国菲森）

104　平整的外墙缺乏可读性

105　建筑施工阶段先用工具在外墙砂浆上抹出波浪形凹痕之后再喷涂真石漆形成的外墙效果，既有大波浪，又有小颗粒。照此手法，乡村建筑施工时留给工匠的创作余地很大（德国罗腾堡）

2.8 开窗过大，虚实失调，不利保温节能

这种现象也具有地域性，在阳朔较为普遍。一般源于三种考虑，一是希望获得更好的采光，二是希望模仿酒店通过大窗获得更大的景观面，三是为了节省用砖与跟风的原因。以下从五个方面来进行分析。

就建筑外观而言，窗的大小需要与建筑语言和外部景观相适应，这是一套组合拳。当缺少坡屋顶、厚墙、优美的构件以及外部景观配合的时候，仅靠扩大窗口这一招容易使外观显得唐突。窗越大，墙越显薄，厚重感越弱，建筑虚实（窗与墙）对比倾向不明。既不是传统民居的朴实厚重，也不是公共建筑的灵秀洒脱，土洋两头不搭。过大的窗还使独立造型的窗楣难以盖住窗口，家具也不便摆放。

106、107
现代民宅如果开窗过大，容易陷入虚实对比倾向不明的处境，既没有传统民居的厚重，也没有公共建筑的轻盈

108 开窗的大小应考虑外部景观资源（海南三亚）

109 开窗的大小与建筑语言有关。图示酒店的开窗方式与传统木构建筑的户牖之术相通（阳朔悦榕庄）

就室内景观而言，窗户相当于照相机镜头。我们拍照时会刻意把不想表达的内容裁掉，窗户亦通此理。酒店的景观配置，经过精心设计，从窗户看出去赏心悦目。村庄民宅向外看则不尽如此。远景当然不差，毕竟是桂林山水；但近景是否养眼，条件千差万别，要不要框进窗户，应具体分析。一律开大窗，引入的未必是自己想要的景观。

110　朝霞映衬下优美的牧场景观，让酒店有了扩大观景面的条件。门窗均为中空玻璃（德国菲森）

111　用门洞与窗洞框景的手法古来有之（德国陶伯河上游罗腾堡）

112　窗外的修道院和薰衣草田（法国戈尔德）

113　鼓楼外的油菜花田与木楼（通道横岭村）

114　某民宅窗外景观，近景房屋干扰远景

就采光而言，并不是所有房间都越亮越好。光线除了照明，还有营造氛围的重要作用。很多家庭不讲究对光影的运用，只在乎照明的亮度，这是家中缺少氛围的重要原因。起居空间需要明亮，但卧室的主要功能是睡眠，并不需要太多光线。开窗过大，反而对睡眠不利，还增加铝型材和窗帘的开支，房间过亮也会产生炫光等眼部不适感。乡村不同于城市，几步就能跨出室外晒太阳，不必过分倚重窗户采集阳光。很多村庄建筑相距太近，窗越大，隔声就越差，邻里间视线与噪声干扰增大，不利保护隐私，这与酒店里互不相识的临时住客心理不同。

115

115、116

不到 2 平方米的窗口，让这间卧室亮度适宜，氛围温馨（美国纳帕）

117、118

有时，为了营造气氛，形成长调突出主题，让其他物件隐去是必要的，暗调甚至要成为主调，以形成油画般的效果（捷克布拉格）

119 双层中空玻璃保温隔音性能优良，但价格昂贵（菲森）

120 过大的开窗只能靠增加分樘来提高窗扇强度，使窗口景观构图被不断切割

117

116

118

就节能而言，开窗是为节约照明用电。而窗户隔热性能差，从窗户损失的能耗约为墙体的 3 倍，屋面的 4 倍。开窗过大会降低房间保温性能，使室内温度波动变大，打开空调消耗的电费远高于照明。卧室空调功率一般在 1000 瓦左右，而照明 LED 灯的功率一般在 10 瓦上下，耗电相差近百倍。中空玻璃虽有良好的保温隔声性能，但造价高，目前在乡村还难以普及。相比之下，传统民居因为墙厚、窗小而冬暖夏凉。虽然需要补充照明，但节省了更多空调用电。

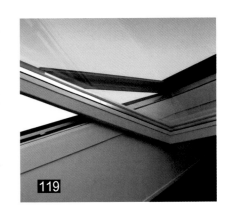

119

120

就材料结构而言，窗框的规格也要与窗洞的大小相适应，大窗需要更厚的玻璃与更高强度的金属型材，价格也会更高。而民宅大多采用普通规格的银色铝合金窗，单薄的玻璃与铝型材装在过大的窗洞上，窗扇在风压作用下容易产生晃动、噪声以及安全隐患，只能分成多樘以增加安全性，于是窗框、纱窗与防盗网会干扰视线，不易达到公共建筑的效果。酒店景观窗为避免这一现象，往往采用大块厚玻璃拼接，不用窗框，依靠中央空调控温，不装纱窗；即使用金属框分隔大窗口，也是以深色为主，型材厚实粗大，外观沉稳刚健。

121　酒店的落地大窗需以厚玻璃和粗大的框架支撑，极少采用铝合金原色（海南三亚）

122、123
　　桂林鲁家村，建筑形体经过精巧的设计，在这样的建筑语言下，民居的开窗尺度适宜

124　从不同的方位开窗，有利于采集不同时段的阳光，形成变幻丰富的室内光影效果（美国纳帕）

125　餐厅里温馨的氛围，来自于大小适中的窗，以及不同来向的光（美国纳帕）

126　在巴伐利亚，即使处处都是惊艳的美景，但大多数的建筑还是不会将窗口开得过大。这当中除了建筑形态的考虑，还与德国人注重节能环保有关。过大的窗会造成室内温度随室外大幅波动，从而消耗更多的电来调温

127　从装饰和景观的角度来说，小窗更好把控，容易营造出一些小巧精致的空间。过大的窗口就像照相机的超广角镜头，难以把控，木料等容易变形的自然建材如果尺度过长也会增加选料和施工的难度（法国戈尔德）

　　综上所述，卧室开窗需根据景观条件分析，大小适中即可；如需配合独立的窗楣造型，则以竖向窗口为好，以防窗楣罩不住窗口；起居空间（餐厅、客厅等）可适当扩大窗口，或分为多个并列的小竖窗（参见第3章户型外立面），也可分别在两面墙上开窗，形成多角度入射光，既改善通风，又营造出丰富而温馨的光影效果，比单向采光更为有趣。窗洞的大小与外形，应与建筑功能及风格相适应，并结合自己的实际需求综合考虑，不宜跟风。

2.9　窗楣形式不当

窗楣即窗眉。顾名思义，窗户是眼，窗楣是眉。既为建筑之眉眼，当然不宜草率对待。传统民宅因墙体厚实，深凹的窗洞本身就能防飘雨，所以窗楣更多的是起装饰作用。现代民宅由于墙体变薄，窗口变大，必须依靠专门的窗楣构件来防止雨水飘进屋内。

有的村庄，人们为了简化施工，直接将上层楼板向外挑出，代替窗楣为下方的楼层遮雨。民宅前后方向，甚至绕屋一周，都有出挑的挡雨板。虽然功能得以解决，但形式难免苟且，一条横线贯穿外墙，延伸至建筑两侧兀然断掉，没有构件与之呼应对接，建筑正脸的整体性被打断，整栋房子仿佛是从一条整料上"切"下来的一段。虽有人将其做成了坡面，但整体改善不大，窗楣宁可短一截，也好过顶到两头。如同化妆时没人会将双眉连成一条线，窗楣要好看，还是需要一个单独的造型。

128　铺小青瓦的独立窗楣。底部或两侧最好有撑拱造型。独立窗楣宜与竖向窗口配合

129　简易挡雨板顶部铺瓦，外观有所改善，但横贯外墙的问题并未解决，造型仍显简单

130　利用楼板出挑形成的挡雨板，作为窗楣的简易替代构件，横贯整个外墙，外观不佳

131　鲁家村民居的独立窗楣成功范例，一只"眼"对应一条"眉"

132　阳朔龙潭村民居的独立窗楣成功范例

窗楣除了遮雨功能，还有重要的装饰作用。建议做成坡顶形式，在窗口上方单独设置，比窗洞略宽即可；窗与楣形成"眉眼"组合，共同装饰外墙这张脸。施工的困难只有几周，外观的遗憾却要伴随建筑一生。在起点多投入一点，长久的遗憾就会少一点。

2.10 墙体偏薄；
窗扇平外墙安装效果不佳

现代乡村民宅外墙大多采用 18 墙砌筑，而传统古民居墙体厚度为其两倍，外观厚重敦实，保温良好，冬暖夏凉，但耗砖较多。18 墙结构上虽已够用，但稳定性、保温性、厚重感都相对偏弱，24 墙是较为妥当的选择。如恭城矮寨村民房，大多为 20 世纪 80 年代修建，均采用 24 墙，综合性能表现良好，希望提高建设起点的乡村居民可以借鉴。

178 毫米厚度的墙体（18 墙），略显单薄

更为单薄的 115 毫米正面外墙（12 墙）

传统民居外墙，厚度 370 至 400 毫米

恭城矮寨村民宅的 240 毫米外墙（24 墙）

窗扇平外墙安装不利于建筑外观，也不利于防雨，雨水容易顺窗扇缝隙流进室内；由于墙体的立体感与厚重感是依靠门窗的内凹来表现的（内凹空间还起到了防飘雨及滴水的作用）。门窗洞没有凹陷，墙体就没有立体感，观感像纸盒，不够厚重，过大的窗洞又进一步强化了这一感觉。

窗扇平外墙安装剖面示意（不推荐）   窗扇平内墙安装剖面示意（本书推荐）

窗扇平外墙难以表现墙体厚度   内凹的窗洞才有立体感   传统建筑深凹的窗洞

条件许可时，可考虑采用240墙。建议窗扇尽量贴近内墙安装，以增加外墙立体感并改善防雨。平内墙的程度以窗构件不刮擦窗帘为准。

2.11　院落较少，
　　　建筑太"独"

竖向形体、没有遮挡的独栋民宅会显得突兀，难以融入周边环境。场地许可时，除了绿化手段，还可依靠杂物间、外置厨房、牲畜圈舍等附属建筑，以及院墙、院门、亭榭等构筑物置于建筑前方进行遮挡，将柱形的单个建筑转变为金字塔形的群体建筑，形成逐级升高的视觉效果，化解突兀，增添含蓄。主体建筑的地位则由整体缩为局部。红花想要免俗，就少不了绿叶的衬托。

院落文化是中国传统文化的一大特色。院中自有乾坤，它是从室内到外部的一个过渡空间，除了保障人们的安全和隐私，这些低矮的建构筑物还构成建筑的"裳"，即展开的裙。院门是强调入口的关键造型元素，院墙则是绿化景观的一道重要界面，可以是砌筑的，也可是竹木栅栏，或植物交织的绿篱。当院中枝叶繁茂，透过门窗向外张望时，就会收获很多惊喜。

50mm 镜头
两点透视

142　没有院落的独栋民宅

50mm 镜头
两点透视

143　院落弱化了民宅的突兀感，给人以想象的空间

144　院里自有一番小天地（四川大邑）

145　院墙等构筑物使民宅的下半部分被遮蔽，
　　　从而形成视觉缓冲，减少民宅过高带来的
　　　不适感

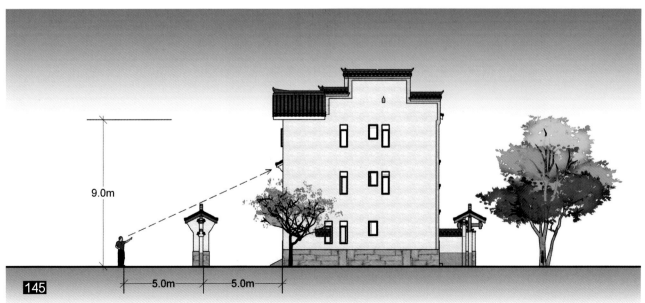

9.0m

145

5.0m　　5.0m

146

147

148

146 传统民居的残垣断壁中，依稀可见当年院落的形态（荔浦小青山）

147 烟雨漓江最具中国传统精神之美，如梦如烟，给人以无尽的想象空间（阳朔兴坪）

148 看到天空是人类与生俱来的心理需求。室外空间也是居住空间的一部分，其重要性完全不亚于室内，甚至更为重要。在土地有限的情况下，人们需要在二者之间合理平衡（奥地利蒂罗尔州）

149 手法略有失当的屋顶做法

150 悬山屋面，屋顶盖住山墙

151 硬山屋面，山墙夹住屋顶

152 用女儿墙改造出的马头墙

153 传统建筑马头墙，中间一定夹着坡屋顶（灵川雄村）

　　山间的云雾烟岚，给人以想象的空间；最美的不是晴空下一览无余的桂林山水，而是烟雨漓江。植被与附属构筑物，起到的就是云雾的作用。具备场地条件的地区，乡村居民可利用宅基地指标，合理分配室内与室外的面积比例。在房间够用的前提下，继续增加建筑面积产生的边际效用就会降低，不能使居住环境再产生质的提升。屋不在大，有院则灵。如果没有优美的外部环境，再大的房子也就是个盒子而已。用院落将消极空间改造为积极空间，通过小品与植被的装点，让居住环境变得更有诗意，何乐而不为？

2.12　其他问题

乡村中也不乏积极追求美的人们，虽然他们在建筑语言上偶有偏差，或加法用过了头，但为此做出的努力和付出极为可贵。这正是我们所赞赏的精气神。只要总结经验，在以后的建设中逐渐修正，即使走了弯路也是有意义的。

1.　如图 149 所示，此例将悬山与硬山形式相叠加，使山墙建筑语言略显混乱。建议二者择其一即可——要么采用屋顶盖住山墙的悬山形式，如图 150 所示；要么采用山墙夹住屋顶的硬山形式，如图 151 所示。

2.　如图 152、图 153 所示，马头墙的缘起是封火之用，因此顶部需要高出中间的坡屋面，前后也要比正面外墙凸出，从而固化成了建筑语言。本例应为集中改造工程，已尽到最大努力，效果比改造前有明显提升，可毕竟整容幅度有限，只能就着女儿墙做了一点马头墙的顶部造型，却难以弥补本该夹在中间的坡屋顶，以及向前后凸出的马头墙身。屋顶向侧面挑出山墙的挡雨板也不符合马头墙的建筑语言，且难以切除，导致改造后的建筑仍不耐细看和久看。这些都是让主管部门和设计人员在改造过程中扼腕却又无可奈何的事，动作小了没有效果，动作大了政府预算超限，还可能影响结构安全。想要根治，只能依靠乡村居民建房之前用心设计，确立足够高的建设起点，以免将来自己升级改造时进退两难。

3.　如图 154、图 155 所示，随着成品构件生产能力的进步，不少民居出现了对西方古典建筑构件的不当运用。西方古典建筑主要存在于古城、遗迹和公共建筑中，由于风格拘谨，欧洲现代民居也很少采用。古典建筑极为讲究建筑造型和比例尺度，同时需要大量繁复精致的装饰，罗马柱同样只是整套组合拳中的一招，如果仅仅拿来一两个器官移植到未经设计的民宅上，难免产生排异反应，东西方人看了都会觉得怪异。更重要的是，

154　构图严谨，细部考究的古典建筑（卢浮宫）

155　古典欧式建筑构件可用于室内装饰（达拉斯）

这些建筑风格的形成有其特定的历史背景和文化传统，缺了历史渊源，照搬到桂林乃是无本之木，与最能够代表中国传统美学的山水人文气质不合。如同高鼻蓝眼的外国人穿着蓑衣在竹排上打渔，怎么看也只是客。喜欢欧式风格的居民可将这些构件用于室内装饰，一来容易控制，不必考虑与建筑和山水环境的衔接问题，也不必审批，仅需满足个人审美；二来放在室内还能代替装修，自己随时得见，又不与大众审美冲突，各得其所。

4.　如图 156 所示，欧式葫芦栏杆、不锈钢栏杆与乡村环境不协调。可采用原木、生态木、仿木色或灰色调金属栏杆，也可采用砖砌镂空花墙，如图 157、图 158 所示。

5.　如图 159 所示，窗外加仿木窗花基本缘于集中改造，对大多数建筑外观的提升具有积极意义，但也会有少数建筑不适合。建议针对单栋建筑具体分析，充分考虑窗扇分樘对窗花造型的影响以及图底间的明暗对比关系。

156

158

157

159

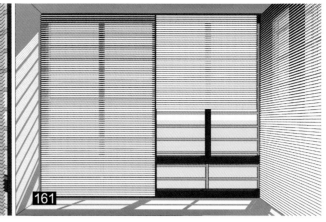

6. 确实需要安装防盗网的，横向排列优于纵向。原因在于：人的两眼在一条横线上，纵向铁栏隔在两眼之间影响观景；横向铁栏外观接近百叶窗，而纵向铁栏形似牢笼；横向铁栏的竖管可通过与窗框重叠设置而进一步隐藏，如果使用百叶窗帘，叶片几乎能使防盗网从室内一侧观看时接近隐形。

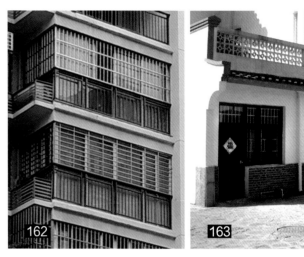

160　横向的网格有利观景，其竖向铁栏可与竖向窗框重叠设置而实现隐藏

161　百叶窗叶片能够进一步遮挡横向铁栏，使防盗网近乎隐形

162　横竖防盗网外观对比

163　装在门窗内侧的防盗网（桂林鲁家村）

164　各种电缆在空中几乎罗织成网

165　斜拉的电线跨门而过，影响入口观瞻

7. 电缆布线不够考究。布线杂乱，影响安全与景观的现象城乡都有。在条件相对欠缺的乡村施工更加不易，但施工效果因人而异，许多场所的布线工艺本可做到更好。希望施工人员在满足功能的前提下，尽量照顾美观需求，平衡美观与工料消耗，合理走捷径，发挥自己最佳的工艺水平。电线与建筑一样是作品，也要长久任人评说。

166　优美的环境不会一劳永逸，它离不开人的辛勤维护

　　上述各种现象，是桂林乡村在形态上还不够美的主要原因。其中有资金的因素，也有技术的因素，但观念的因素才是首因。关于乡村建设的起点，有人说经济水平决定一切，本书不完全认可这种观点，富足不是唯一的条件。未尽人事就认命，是导致自信不足的重要原因。什么是尊严？房子跟邻居一样高，让四邻不敢小瞧算是吗？还是尽力把房子和环境营造得更美，让自己住着舒心，国人奉为榜样，国外来客都赞叹才算是呢？尊严是一个人尽了最大的努力才能体会到的，成败都在其次。建议乡村居民根据自己的实际情况，平衡不同投入力度的近远期得失，选择既能承受又有一定高度的建设起点。

　　美丽乡村，只靠建设是不能一劳永逸的，最终还是要靠居住者的经营与维护。以上分析的，都是外在环境，而内在的心境，才是乡村长盛不衰的核心动力。

第 3 章

参考户型
——何不这样起房子?

根据上述分析，本章选择了两开间大进深、传统三开间中等进深、小进深转角这 3 种较为常见的平面形态，设计了 A、B、C 三套平面方案，并据此衍生出 8 个不同外形的建筑样式，力求改善第 2 章所提出的各种问题，继承传统建筑当中优秀的元素，供读者参考。

本章所有户型均在平面图和剖切图中以蓝色块标示出空调室内机的建议安装位置；室外机的建议安装位置请参见立面图和透视图。

3.1 A1 户型

3.1.1 A1 外观及平面

A 户型是桂林乡村最为常见的两开间大进深平面形式，占地面积 102.5 平方米（建筑 97.4 平方米 + 门廊 5.1 平方米），总建筑面积 339.5 平方米，面宽 8.8 米，进深 11.1 米（轴线尺寸），层数三层半，每层均有公共活动厅，可容纳 10~14 人居住。

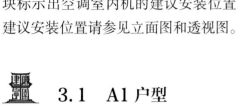

1 A1 侧面透视图

2 A1 背面透视图

3 A1 正面透视图

4 A1 正面鸟瞰图

5 A1 一层平面图（上图）

6 A1 二层平面图（上图）

7 A1 三层平面图（下图）

8 A1 阁楼平面图（下图）（屋顶平面转62页）

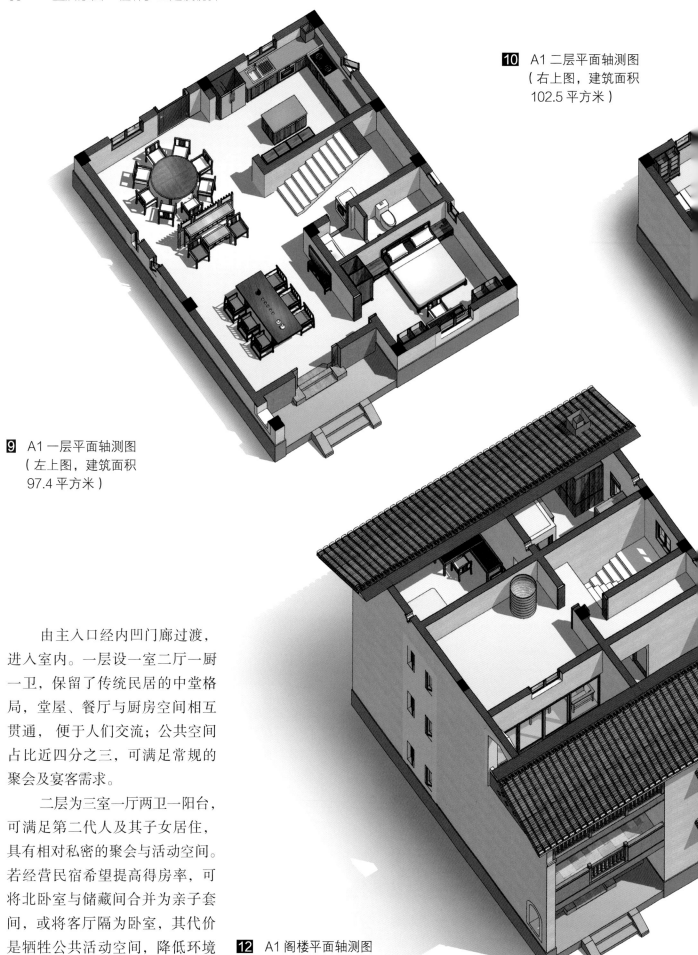

10　A1 二层平面轴测图
（右上图，建筑面积
102.5 平方米）

9　A1 一层平面轴测图
（左上图，建筑面积
97.4 平方米）

　　由主入口经内凹门廊过渡，进入室内。一层设一室二厅一厨一卫，保留了传统民居的中堂格局，堂屋、餐厅与厨房空间相互贯通，便于人们交流；公共空间占比近四分之三，可满足常规的聚会及宴客需求。

　　二层为三室一厅两卫一阳台，可满足第二代人及其子女居住，具有相对私密的聚会与活动空间。若经营民宿希望提高得房率，可将北卧室与储藏间合并为亲子套间，或将客厅隔为卧室，其代价是牺牲公共活动空间，降低环境档次和售价。

12　A1 阁楼平面轴测图
（左下图，建筑面积
37.1 平方米）

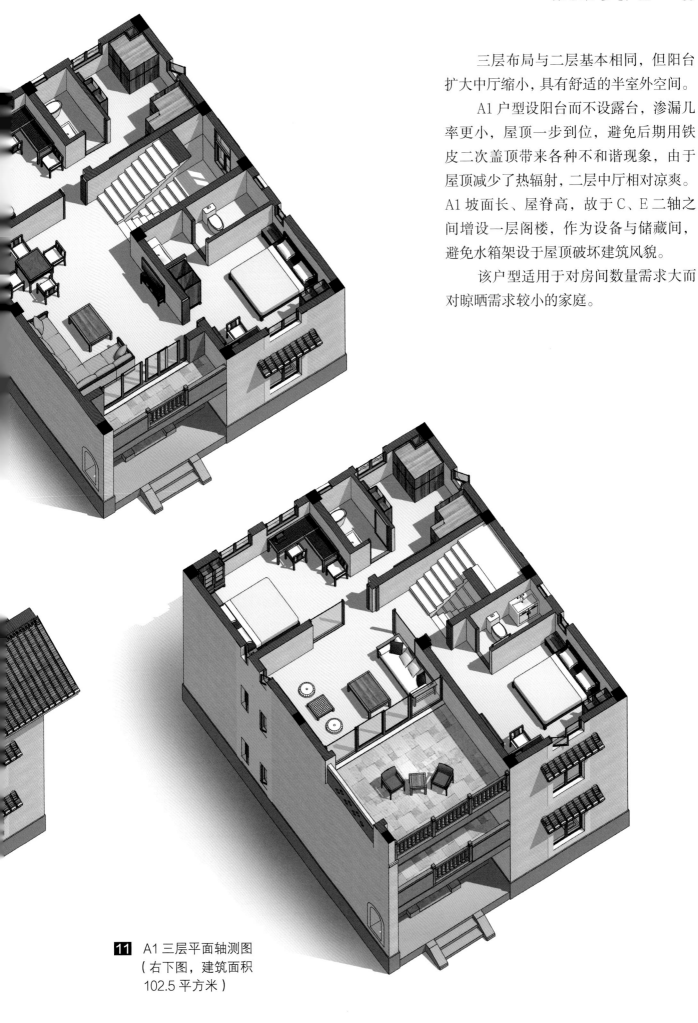

三层布局与二层基本相同，但阳台扩大中厅缩小，具有舒适的半室外空间。

A1 户型设阳台而不设露台，渗漏几率更小，屋顶一步到位，避免后期用铁皮二次盖顶带来各种不和谐现象，由于屋顶减少了热辐射，二层中厅相对凉爽。A1 坡面长、屋脊高，故于 C、E 二轴之间增设一层阁楼，作为设备与储藏间，避免水箱架设于屋顶破坏建筑风貌。

该户型适用于对房间数量需求大而对晾晒需求较小的家庭。

11 A1 三层平面轴测图
（右下图，建筑面积
102.5 平方米）

3.1.2　A1立面

1. 造型方面

A户型均为坡屋顶，坡度1∶2，采用传统造型的高坡垄清水正脊，A1脊顶高13.2米（平直段上缘）。我们认为，建筑超过3层以后，屋面坡度就应随之增陡（从1∶2逐渐向1∶1.5靠近），屋檐出挑也需相应加大，以弥补透视带来的视觉消减，但本书不主张乡村民宅超过3层。A1户型四面屋檐出挑均超过900毫米，檐口边缘垂直高度为200毫米（不含瓦），屋顶仅两面坡，无其他坡面相交，简洁大气。屋顶高度约占正立面三分之一，有足够的视觉面积，镇于民宅上方能够有效地控制建筑的体积感。

A1采用了门簪、木门扇、矮门、门枕石等典型传统民居的入户大门构件，并利用外廊侧柱及阳台窗套的厚度在局部形成36墙，至顶层收分为24墙，以微小的代价得到与传统民居外墙相同的视觉效果——底端厚重，顶部轻盈。

2. 色彩方面

A户型以浅灰为主色调（大部分外墙）、泥黄（局部外墙）、深灰（屋面小青瓦）、白色（窗套）、木色（门、窗框、栏杆）为辅助色，以红色（对联、灯笼）作为点缀色。

3. 肌理方面

除了窗套采用平整表面，其余墙面均采用凸面砂浆、三合土或真石漆等毛面材质，详见第2章2.7及第6章相关论述。

局部运用了坡面独立窗楣和白色窗套以丰富建筑立面。

13　A1南立面图

14　A1北立面图

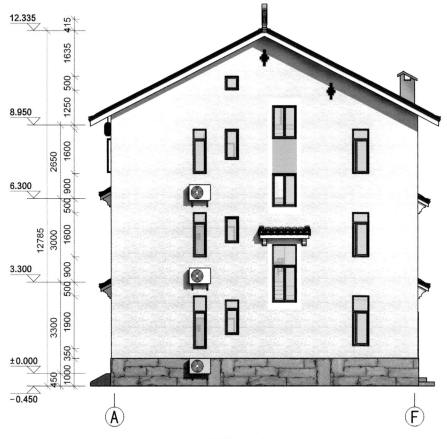

15 A1 东立面图

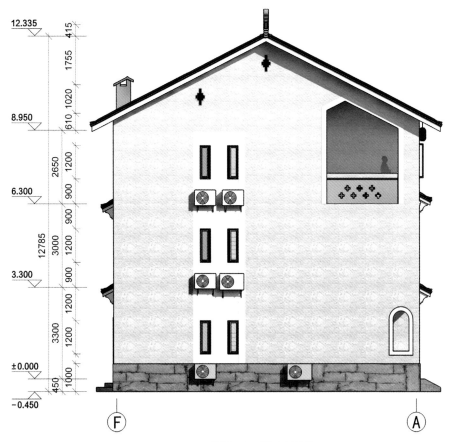

16 A1 西立面图

顶层房间均在墙体最高处设小通风窗，利用热压差拔风散热，可用手摇或电动机械装置控制其内窗开闭（详见第 4 章 4.4.4）。除此之外，本章各户型还继承了传统民宅的多种元素，详细分析请参阅第 4 章相关内容。

烟囱顶部造型为不等坡，色彩与瓦面或马头墙相呼应，东西两侧开口排风。

窗口以竖向形态为主，单个窗洞面积均接近或小于 2 平方米，在不同的墙面开窗以实现多角度采光，营造更为丰富的室内光影氛围。为减少西晒，西向窗口相对较小。

4. 设备方面

水箱内置于坡屋顶下的阁楼中。空调内外机的建议安装位置已标出，在满足使用舒适度的同时，须尽量减少设备对建筑外观的不利影响。当民宅与邻居非贴建时，空调外机宜悬挂于两侧外墙，以免影响正面外观；若不可避免，应尽量位于窗台下方，与窗台中心或边缘对齐，不宜置于窗口侧面。各层设备应上下排列整齐，盘管横平竖直，少拉斜线；尽量从室内走管线，减少室外管线长度，不宜设笼子格栅进行遮挡。

建筑设备是建筑容貌不可分割的部分，处理不当将严重影响建筑外观，因此在建筑设计阶段就应该与建筑立面一并考虑。而现实中这一问题往往被忽略。

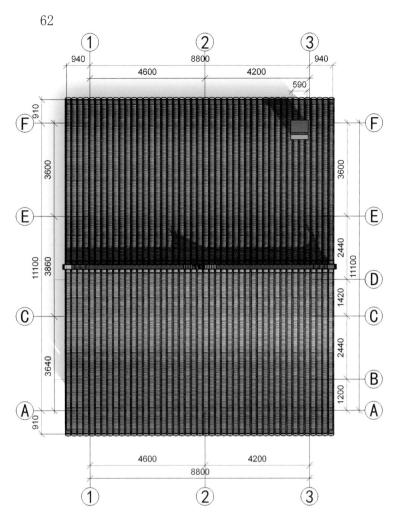

17 A1 屋顶平面图

18 A1 烟囱出屋面造型

19 A1 入户门外向内观测效果

3.1.3 A1 空间剖析

20 A1 堂屋内景（隐去墙体）

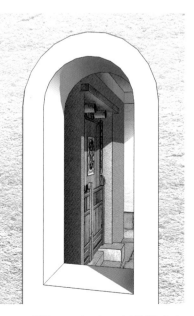

21 A1 门廊西侧的拱券窗

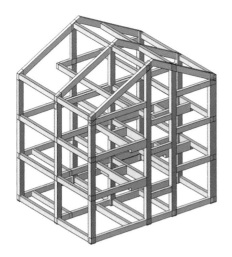

22　A1 主要梁柱构造示意

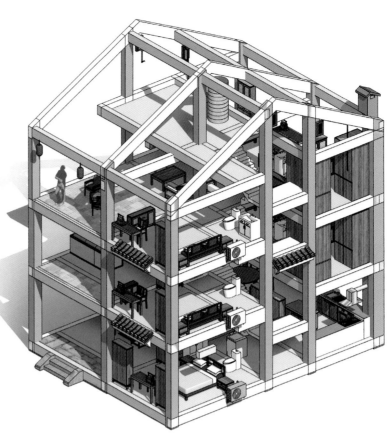

23　A1 梁、柱、板构造示意
　　（隐去墙体及屋面）

24　主要梁、柱在西、北外墙上的位置示意

本章所有户型均采用 24 墙，其中 A、B 户型拟采用框架结构。乡村居民可在空间自由度与造价之间进行权衡，选择适合自己的结构形式。

25　隐去墙体后的构造示意

26　主要梁、柱在东、南外墙上的位置示意

A户型楼梯平缓，梯段净宽1100
毫米，主要楼层踏步长260毫米，高
150毫米，适合老人小孩使用。水箱内
置于阁楼储藏间，避免外露于屋顶影响
建筑外观。可设感应式加压泵适当补充
水压。

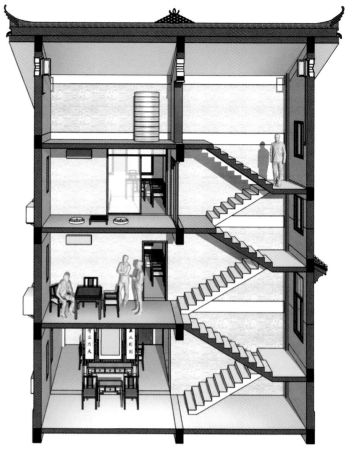

27 楼梯间剖切示意（阁楼内圆柱体为水箱）

28 阳台外景

29 堂屋内景

30 切开北面外墙可见的内部空间

31　厨房内景

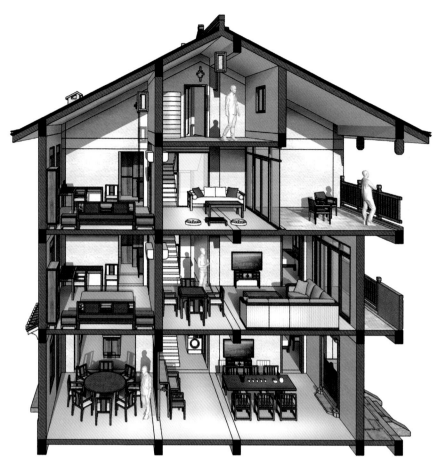

32　切开西面外墙可见的内部空间

33　切开东面外墙可见的内部空间

由于构造原因一、二层大厅空间分界处顶部有梁通过，影响不大。介意者可通过装修吊顶予以化解。

A1 前后屋檐标高（上缘尺寸）均为 9.56 米，可考虑采用组织排水以减少雨水从高空滴落造成的冲击，排水立管截面应选用扁方形或半圆形。圆形截面的立管不利防盗，且无法紧贴外墙，对建筑外观负面影响过大，不建议采用。

厨房通过成品烟囱经屋顶排放油烟，不再从低空侧排；厨房中间增设一个配餐台。根据笔者调研，用于洗、切食品的橱柜台面高度需提升至 900 毫米才是健康尺度，便于不同身高的人维持直立操作；而通常的 800 毫米高度偏低，长期弯腰备餐容易造成使用者腰肌劳损，仅适用于灶台等区域。

3.2 A2 户型

3.2.1 A2 外观及平面

　　A2 是 A1 去掉第二层后的减层版。占地面积102.5平方米（建筑97.4平方米＋门廊5.1平方米），总建筑面积237平方米，面宽8.8米，进深11.1米（轴线尺寸），层数二层半，一、二层均有公共活动厅，可容纳6~8人居住。A2 具有与 A1 完全相同的一层、阁楼和屋顶平面；其二层平面就是 A1 的三层平面，除南向卧室入口位置有所区别，其他内容完全相同。此处仅标注其二层平面图及轴测图，其余相同部分内容略去。A2 户型由于楼层少，是 A 户型当中最为经济的一款，适用于投入更具理性、不盲目追求高度、以满足自用为主、不需要预留或闲置过多房间的家庭。

34 A2 侧面透视图

35 A2 背面透视图

36 A2 正面透视图

37 A2 正面鸟瞰图

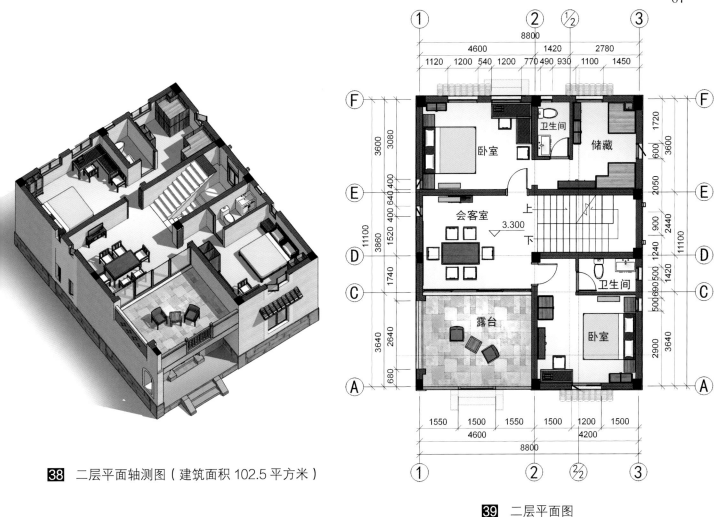

38 二层平面轴测图（建筑面积 102.5 平方米）

39 二层平面图

40 南立面图

3.2.2　A2 立面

本章所有户型均为坡屋顶，坡度 1：2，采用传统造型的高坡垄清水正脊。A2 由于高度仅为二层，能够形成比三层建筑更好的外部环境与亲和力，前后屋檐出挑 855，两侧屋檐出挑 820，檐口边缘垂直高度为 200（单位均为毫米，不含瓦），屋顶仍为两面坡，其建筑体量与自然环境能够很好地融合。正脊脊顶高度 10.4 米。

A2 同样利用柱子及阳台窗套的厚度在局部形成 36 墙，并在顶部收分，以获得与传统民居外墙相同的视觉效果。

41 屋檐下的弧形撑栱造型

门廊西侧墙体上开拱券窗，可放置花卉及小品为环境注入文化内涵。正、背立面檐口下方运用了传统弧形撑栱构件。

其余尺寸、构造、色彩、肌理等均与A1户型相同。A2仅为二层建筑，檐口较低，且汇水均匀,可不考虑组织排水。

44 门廊效果

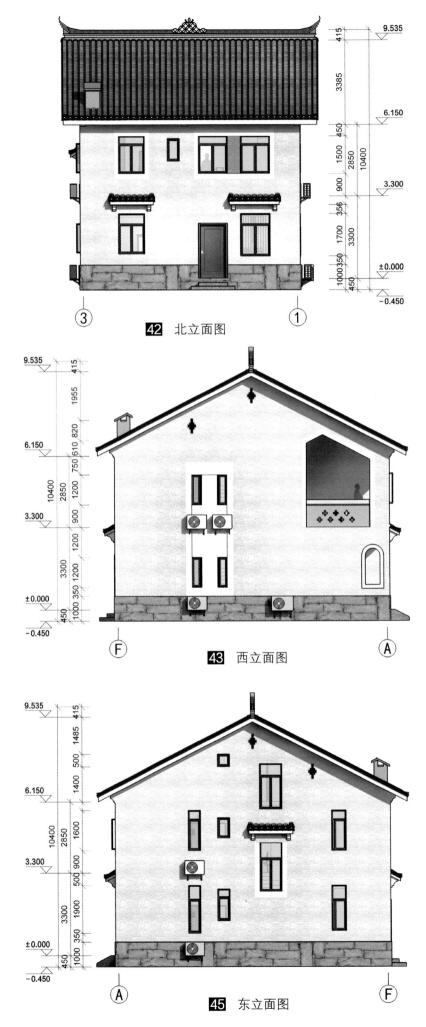

42 北立面图

43 西立面图

45 东立面图

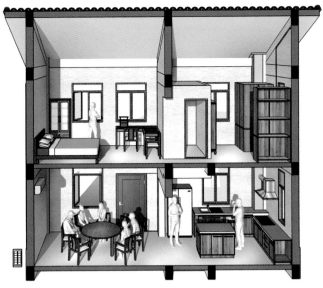

46　北卧室、卫生间、储藏间及餐厅厨房（向北望）

47　二层东南角卧室的午后阳光

3.2.3　A2 空间剖析

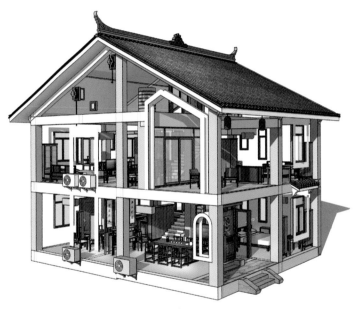

48　隐去墙体后的构造示意

49　小会客厅内景

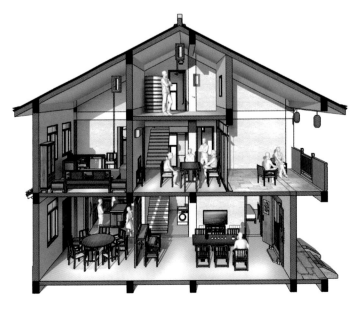

50　切开西面外墙可见的内部空间

51　隐藏墙体后可见的北卧室及小会客厅内景

3.3　A3 户型

3.3.1　A3 外观及平面

　　A3 占地面积仍为 102.5 平方米（建筑 97.4 平方米＋门廊 5.1 平方米），总建筑面积 302.4 平方米，面宽 8.8 米，进深 11.1 米（轴线尺寸），层数为三层，可容纳 10 ~ 12 人居住。A3 户型适合于对建筑面积要求较高、有一定屋顶晾晒需求或偏好室外休憩空间的家庭。平面图一、二层略（详见 57 页一、二层平面图），此处仅列出三层及屋顶平面。

52　A3 侧面透视图 1

53　从楼梯间隔窗外眺 A3 的阳台及露台效果

54　A3 侧面透视图 2

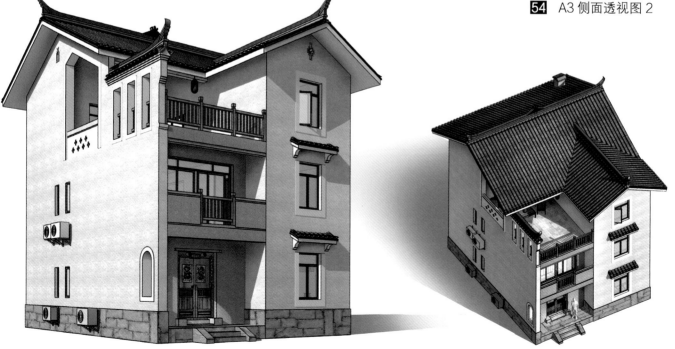

55　A3 正面透视图

56　A3 鸟瞰图

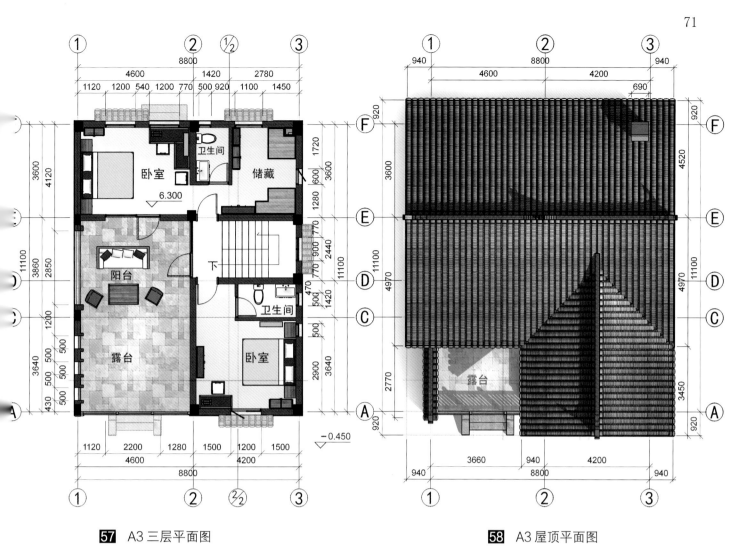

57 A3 三层平面图　　　　　　**58** A3 屋顶平面图

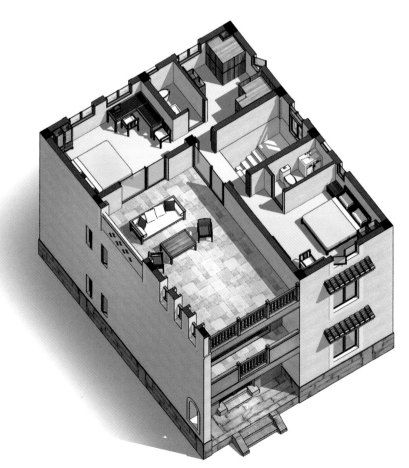

A3 是由 A1 衍生出的第二个户型,其一、二层平面均与 A1 相同,区别在于顶层:A3 没有阁楼(由于坡顶短于 A1,正脊比 A1 低 0.55 米,不足以形成阁楼);A3 三层的公共空间均在室外——阳台连接露台(A1 不设露台)。从室内到有顶室外,再到露天场地,A3 具有更为丰富的空间层次,无论晴雨均可在平台上休闲或晾晒,代价是露台防水和保温的要求都随之提高;A3 为转折屋顶,有坡面垂直相交,其构造相对 A1 略为复杂,对施工人员提出了更高的要求。这些差异也使二者结构布局略有不同。除此之外,剩下区别都集中在顶部造型。

59 三层平面轴测图(建筑面积 102.5 平方米,其中露台 15.9 平方米)

3.3.2　A3 立面

A3 继续沿用前述手法模仿传统民宅的外墙，彰显"温柔敦厚"之风。马头墙正面端头采用了传统民宅常用的涡卷造型，如今购买这种成品件已非难事。

A3 采用转折坡屋面，其屋顶造型的变化比 A1 丰富，正脊脊顶高度 12.65 米（平直段上缘）。但也有所失：由于坡面缩短，坡顶隆起的高度不及 A1，屋顶视觉面积缩小，高度仅占正立面约四分之一，屋顶的视觉重量感有所下降（详见 2.1 分析）。

所有户型均只在正、背立面采用泥黄色，以强调正面与侧面的差异。白色窗套上下边宽大于左右边宽各 50 毫米，仅运用于部分窗口以免泛滥。部分窗套因空间所限取消上边。

其余尺寸、构造、色彩、肌理等均与 A1 户型相同。外墙采用毛面砂浆、三合土或真石漆、贴仿古砖均可。

60　高坡垄清水脊中央叠瓦造型

61　南立面图

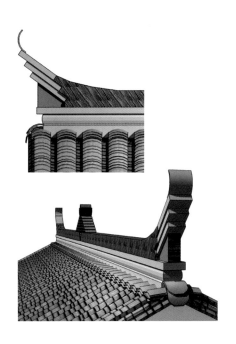

62、63　脊端起翘的蝎子尾（象鼻子）造型

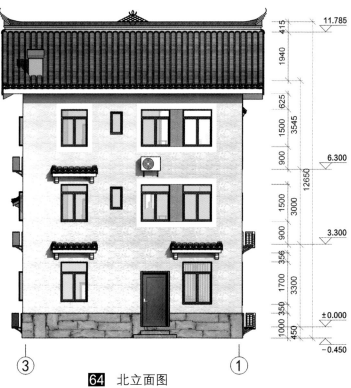

64　北立面图

65 站在地面仰视屋顶，脊端造型对建筑外观影响很大

66 露台西侧的马头墙和白窗套

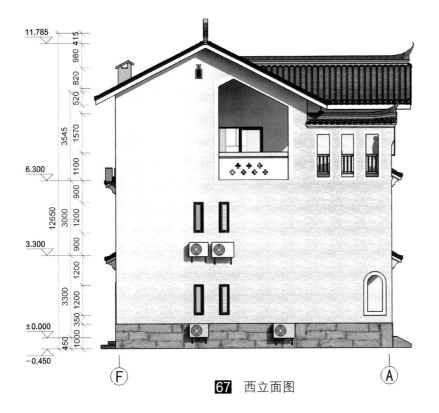

67 西立面图

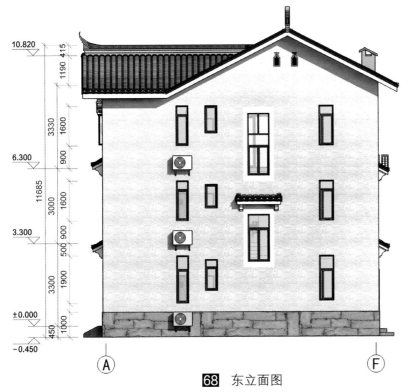

68 东立面图

　　露台西侧的栏杆以连续开窗的马头墙代之，既可借窗洞框景，保留西向景观视阈，又利用马头墙直指苍天的造型突出了建筑的轮廓与气势，尤其是站在地面近距离地仰视时，屋面虽不可见，但屋顶观感却得以有效提升。在大多地面视角下，都能看到三个脊端翘起的蝎子尾（也叫象鼻子）。此举还能借马头墙遮挡一部分西晒，减少夏季露台受到的热辐射，提升二层客厅的舒适度。

　　三层阳台侧墙开不对称形大窗洞，描白边，内侧突出120毫米以模仿36墙；窗洞下用砖砌七星十字镂空白色栏杆。露台窗洞内则为木栏杆。

　　顶层房间两侧均在高处开花瓶状小通风窗，用热压差拔风散热，自然风可贯通房屋。卫生间窗台高度拟采用1400毫米。

　　空调外机位于山墙小窗的正下方或各层外廊东侧的墙体上。

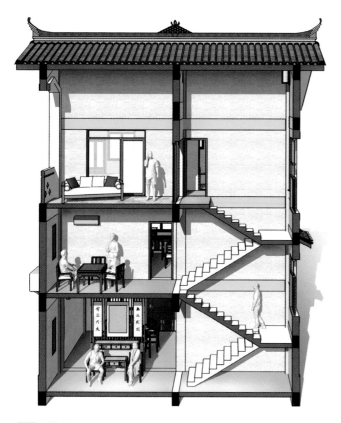

69 楼梯间剖切示意

3.3.3 A3 空间剖析

由于没有阁楼，高 1.65 米的 1 吨立式水箱内置于北卧室与储藏间之间的过道顶部，平台与卫生间顶标高均为 9.55 米。

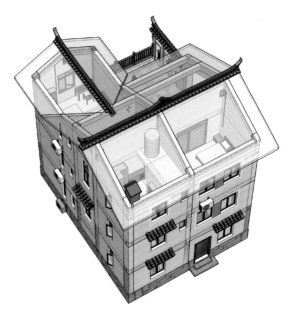

70 水箱设置位置示意图

71 主要梁、柱在西、南外墙上的位置示意

72 主要梁、柱在东、北外墙上的位置示意

73 切开南面外墙可见的内部空间

南坡比北坡多出挑 0.45 米，屋檐高度低 0.225 米。A3 悬挑于外墙之外的屋檐，与地面落差接近 10 米，东坡、西坡均与南坡有汇水点，因此，东、西、北坡可考虑采用组织排水以减少雨水冲击，南坡位于露台内，高差很小，是否需要组织排水，取决于户主是喜欢欣赏滴落的雨水，还是躲避溅起的水花。

为成就顶层阳台的大屋顶，在三层 1、C 两轴交会处设一梁上柱提供支撑。

74 切开西面外墙可见的内部空间

A3 因正脊位于 E 轴之上，烟囱贴正脊设置虽有更好的排放高度，但会对屋脊轮廓产生过大的负面影响，故 A3 与 A4 的烟囱均贴近 F 轴设置。烟囱出屋面结构层高度为 900 毫米，并采用不等坡造型以减少烟囱的突兀感（由于圆形的金属无动力排气风帽与建筑风格有冲突，故未予采用）。出风口向两侧排烟，以免油烟喷向瓦面造成污染。若烟囱靠近邻居则向相反方向单侧排风，或重新设计出风口，同时满足向上排风、防雨和排水三项功能。

75 内部构造示意图

3.4 A4 户型

3.4.1 A4 外观及平面

A4 是由 A1 衍生出的第三个户型，各层平面布局均与 A3 相同，区别在于 A3 是悬山屋顶，而A4 采用了硬山屋顶；A4 的 F 轴两边柱子向北偏移，正好消除了柱子凸角对房间使用功能的影响，模仿传统马头墙的手法也得以更加淋漓尽致地体现；二者柱网布局也略有差异。

76 A4 正面透视图 1

77 A4 阳台及露台外观

78 A4 背面透视图

79 A4 正面透视图 2

80 A4 正面鸟瞰图

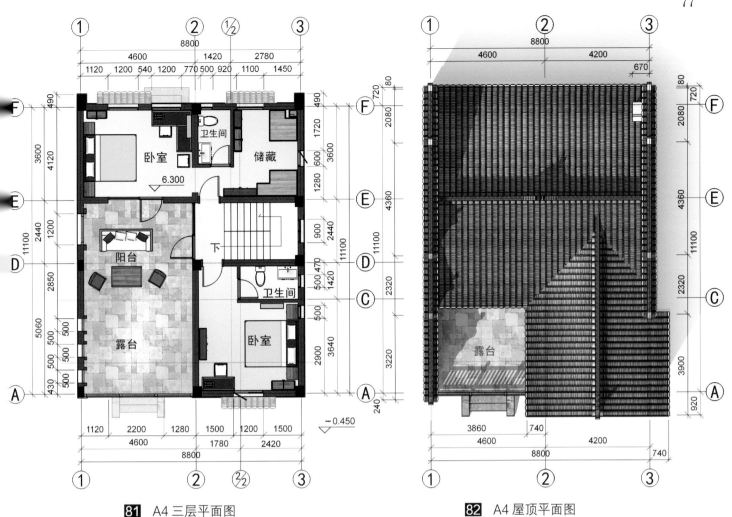

81 A4 三层平面图

82 A4 屋顶平面图

A4 占地面积为 102.8 平方米（外凸的马头墙垛使占地面积略有增加，建筑 97.7 平方米 + 门廊 5.1 平方米），总建筑面积 303.2 平方米，面宽 8.8 米，进深 11.1 米（轴线尺寸），层数为三层，可容纳 10～12 人居住。两种户型仅外形有所区别，A4 与 A3 适合同样的家庭。平面图一、二层略（详见 57 页一、二层平面图），此处仅列出三层及屋顶平面。

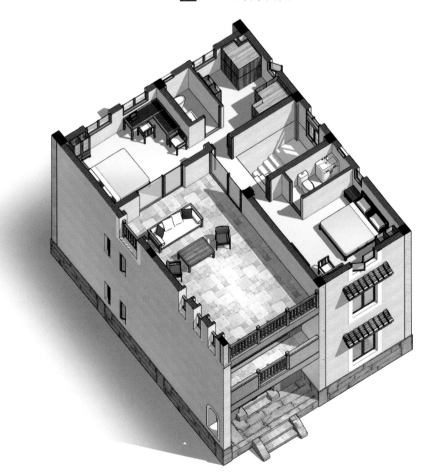

83 A4 三层平面轴测图（建筑面积 102.8 平方米，其中露台 15.9 平方米）

3.4.2　A4 立面

　　露台西侧的马头墙与主体马头墙相连，形成前三阶、后两阶的不对称格局。由于马头墙必须高出屋脊一定的距离，为了控制建筑的整体高度和体量不至过大，A4 适当降低了屋面高度（正脊脊顶高 12.15 米，马头墙脊顶高 13.05 米），檐口出挑也适当缩小，以控制马头墙的横向尺度。马头墙仍然担当遮挡西晒的功能，提升二层客厅的舒适度。

　　站在楼下仰视，墙头的叠瓦压顶形成重复的节奏，石板与青瓦叠砌而成的十个脊尾扶摇而上，如翚斯飞，尽显传统建筑的精气神。

84　南立面图

85　"振翅欲飞"的屋脊

86　A 户型门廊正面透视

87　北立面图

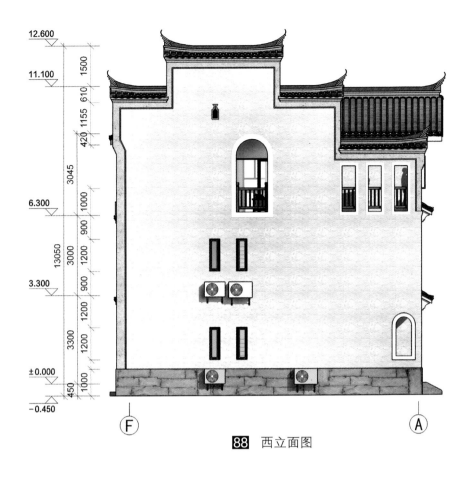

88 西立面图

A4 的外墙比前三个户型具有更丰富的深色描边,其余尺寸、色彩、肌理均与 A3 相同。外墙可采用毛面砂浆、三合土或真石漆、贴仿古砖等具有凹凸质感的做法。

三层西侧外墙上的门洞改为瘦高拱券门,以适应传统马头墙语言和构造的需求。

东坡与南坡汇水点遭遇马头墙阻挡,采用传统民居做法解决排水——按瓦垄间距在墙上开洞排出后经立管排除,洞口还可丰富建筑外立面。排水立管截面应选用扁方形或半圆形。圆形截面的立管不利于防盗,且无法紧贴外墙,对建筑外观负面影响过大,不建议采用。

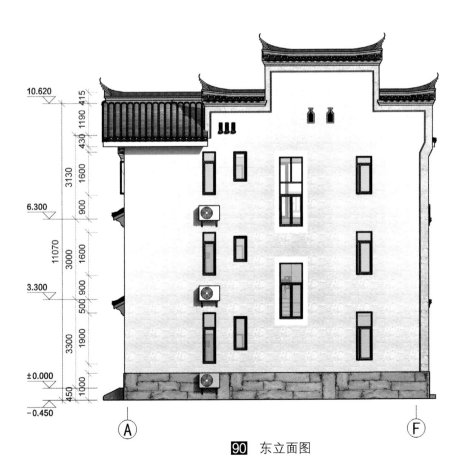

90 东立面图

89 坡面汇水点排水口内侧示意

91 坡面汇水点排水口外侧示意

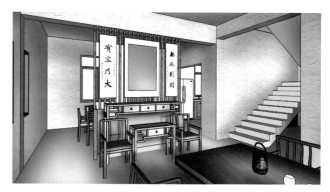

中堂内景示意

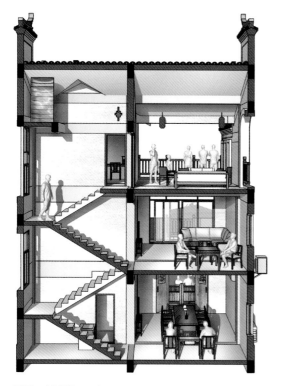

93 楼梯间内部空间剖切示意（南向观测）

95 主要梁、柱在西、北外墙上的位置示意

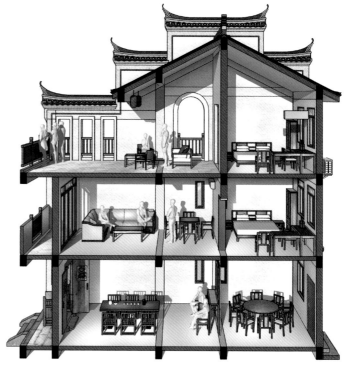

94 内部空间构造示意（西向观测）

96 主要梁、柱在东、南外墙上的位置示意

97 切开东面外墙可见的内部空间（西向观测）

3.4.3　A4 空间剖析

A4 采用的马头墙构造比 A3 更为复杂，对工艺以及经济投入的要求比前者略高。

A4 东西坡屋檐标高 9.65 米，南北坡屋檐标高 9.58 米，均接近 10 米，东西二坡均与南坡有汇水点，因此，东、西、北坡可考虑采用组织排水以减少雨水冲击，南坡位于露台内，可不考虑。

由于 A4 屋面高度低于 A3，水箱在原位设置将失去构造优势，故移至楼梯间顶部的屋面下，在此设一平台，与三层卫生间顶标高同为 9.2 米，以保持经济性。

98　隐去墙体后构造示意 1

与 A3 一样，为避免烟囱对屋脊轮廓产生过大的负面影响，A4 烟囱也贴近 F 轴设置。

99　隐去墙体后构造示意 2

100　烟囱需低于马头墙，单向排风

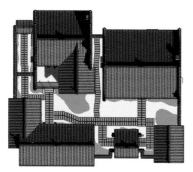

101 院落屋顶平面

3.5 A户型组合

　　既然建筑被称为凝固的音乐，那怎样的音乐才美？户型设计者为单栋建筑赋予了"旋律"，可是单音的感染力不够，还需要和声来渲染；于是院门、院墙的轮廓以及植物景观的装点，与建筑共同发出了"和声"，使赤裸的建筑穿上"衣裳"，成长为一个富于变幻、层次丰满的小群体；和而不同、鳞次栉比的院落群体遍布乡间，产生了"节奏"，共同汇集成一支交响乐。这交响声是否悦耳，则取决于人们在建设前期的思考投入程度。

　　孟子说：有恒产者有恒心。框定的院落空间相对独立，归属感明确，有利于鼓励人们营造自家景观，从而提升乡村的整体环境，减少消极空间的脏乱差。院墙的遮挡能带来神秘感，避免一览无余的尴尬，在寒冷多风的冬季提供相对舒适的室外空间。院落便于留守人员集中照应子女的闲置家产，并提升留守幼童的安全；有利于整合各户零碎的室外剩余宅基地指标，形成相对完整的公共空间，团聚时既有大家庭的热闹温馨，又有小家庭的隐私。对经营民宿而言，整合的院落便于管理各种资源，能够从宏观上划分功能分区，并营造有体系的景观，以提升竞争力。因此，人们建房之前需要考虑如何善用宅基地的面积指标，

使其在室内外之间合理地分配，极端的划分会降低居住幸福感。如何组合院落，能不能形成组合，则取决于当地政策、用地条件、设计者的投入程度以及邻里之间对于共享理念的接受程度。

笔阵清幽意所便，留题园石当燕然。
胜他杜牧诗三韵，如写兰亭序一篇。
隔座机声评宋玉，当窗琴韵鼓成连。
相从戏乐惭名士，差喜置身洛水年。

——孙启椿《愚园雅集·和荺田韵》
引自《南京愚园文献十一种》

102 户型 A4、B1、C2 围合院落示意

组合说明：

　　该院落 ABC 户型皆有运用，C 户倒座，AB之间留有 2 米间距，以满足侧面开窗要求；前后方向也错开 1 米，以丰富院落平面形态并获得更好的透视观感（可参看第 1 章最后一张图）。设前后三个不同风格的院门，以月亮门将公共空间划分为宽敞的前院和狭长的后院（或称甬道），户型高低错落，各具特色，院内外植树。兄弟姊妹宅基地相邻的大家庭可考虑组合院落。

103 院落内景 1

由于用地条件的不同，组合院落的方式没有穷尽，除了单个小院，还可组合前后多进的院落群以及左右跨院，或者依山就势形成更为自由的不规则外形院落，构建丰富有趣的空间。

104 院落内景 2

105 后院及后门

106 院门外观

107 通过照壁的圆窗框景

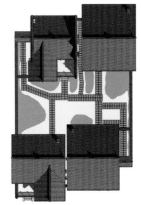

108 A1、A2、A3、A4 围合院落示意 1

组合说明：该院落由全部 4 种 A 户型共同组成，分前后两排布置，左右前后均适当错开，以形成类似中心对称的平面布局，利用两排建筑的正常间距形成共用合院，前院与后院狭长，正面院门居东南角，八卦之巽位。为整体外观所需，A2、A4 进行了左右镜像翻转，翻转户型东西外墙开窗方案需进行相应调整，以增加东向采光并减少西晒，本书因篇幅所限不再展示镜像户型图纸。层数少的 A2 位于主视角前方，适当遮挡后方层数高的建筑以产生层次感，避免突兀。不同高度和形态的坡屋面经组合之后形成悦目的天际轮廓线。小群体的整体外观胜过单栋建筑，正如音乐中和声的感染力超越单音。

109 院落屋顶平面

110 A1、A2、A3、A4 围合院落示意 2

3.6　B1户型

B户型是传统三开间民宅的改良版。B1为硬山屋顶，B2为悬山屋顶。

这种民居在桂林俗称"三大空"，中轴对称格局，横向体态，大气稳重，冬暖夏凉，以青砖和泥胚砖居多，具有自然质朴的乡土特色。1：2坡屋顶远观极佳。低层数使其具有舒适的室外空间，与自然环境堪称完美融合，同时还是历史建筑的基因库。

然而近年来这种户型逐渐式微。原因多样：有容积率低、面宽大进深小、不利于成片布置以节约用地等规划因素；有分家、生活方式变迁以及城市化导致乡村凋敝等历史因素；有宅基地指标限制等政策因素；有喜新厌旧的审美因素、疏于维护的观念因素。而功能方面的因素，主要是由于二层没有得到有效利用、厨卫外置使用不便、阴暗潮湿等缺陷。

本书主要讨论功能与美观问题。一旦克服了功能缺陷，B户型就能成为很舒适甚至高端的住宅，在乡村虽小众却仍有其生存空间。

111　B1背面透视图

112　B1侧面透视图

113　B1正面鸟瞰图

114　B1正面透视图

3.6.1　B1 外观及平面

B 户型沿袭了传统民宅的对称格局，但又不完全对称，以求更具多样化的居住体验。占地面积 116.2 平方米（建筑 111.1 平方米＋门廊 5.1 平方米），总建筑面积 208.7 平方米，面宽 11.9 米，进深 9.3 米（轴线尺寸），层数二层，每层均有公共活动空间，可容纳 7~8 人居住。

一层入户，从室外经内凹门廊过渡进入室内。本层设两室两厅一厨两卫一储，完整保留了传统民居的中堂格局，堂屋、餐厅与厨房空间彼此贯通，公共活动空间占比过半，可满足常规的聚会及宴客需求。两间卧室可满足 3 人居住，东北面卫生间将盥洗、淋浴与厕所分置以提高使用效率，其外部为储藏间。卧室均有侧向采光，光影氛围温馨。楼梯间设一后门。

二层设两室两厅两卫一储，中堂顶部的过道向南加宽形成一过厅，西侧又设一多功能小厅，可作为工作室。堂屋顶部架空。过厅是本户型的空间枢纽，横向与工作室相连，纵向则与堂屋、餐厅相呼应。两间卧室可满足 4 人居住。

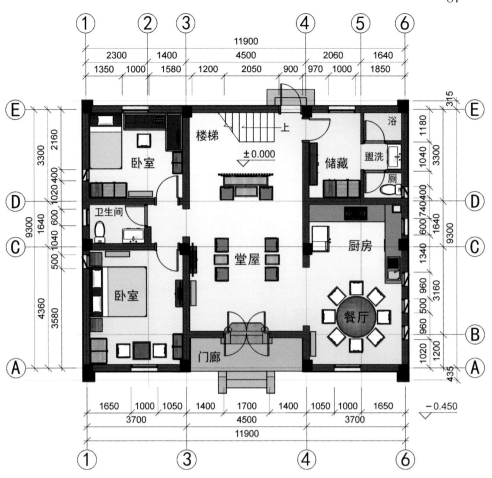

115　一层平面图（上图）　　　**116**　二层平面图（下图）

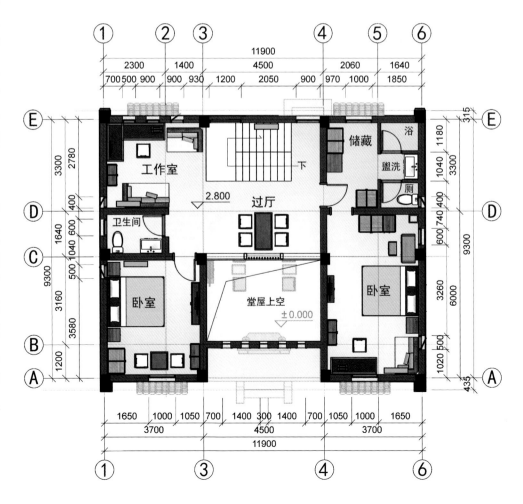

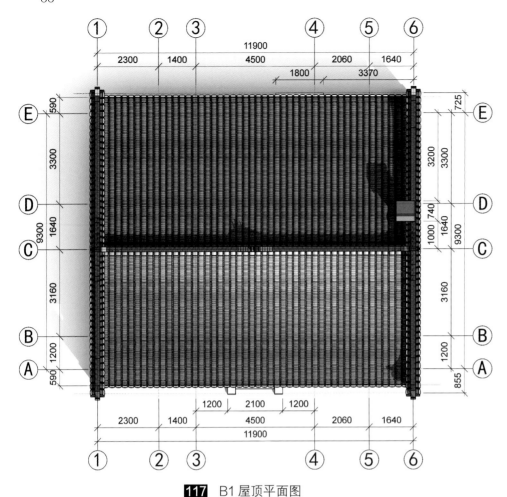

117 B1 屋顶平面图

若经营民宿，将西北角的书房（工作室）改为单人卧室可提高得房率，满足 5 人居住。B 户型仅二层，与室外联系便利，故不设阳台和露台，以免无谓增加构造难度。

B1 户型适合知足常乐、甘于适度拥有并有效驾驭资源、追求生活质量和精致的外部环境、用地相对宽裕以及希望经营高端民宿的家庭——平时由老人看管，四方来客能够丰富留守老人与儿童的生活与见识；节假日房间则为子女留出，有效提高房间使用效率，减少闲置浪费，并依靠经营收入解决房子的维护资金。

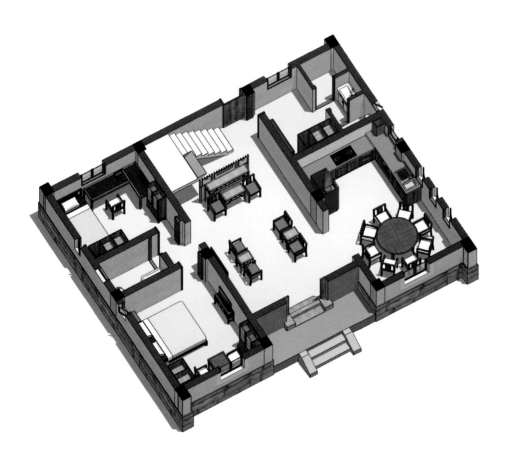

118 B1 一层平面轴测图（建筑面积 111.1 平方米）

119 山墙小通风窗

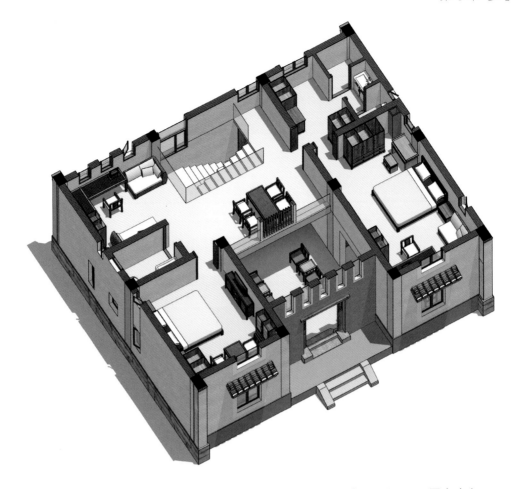

120　B1 二层平面轴测图（建筑面积 97.6 平方米）

121　B1 山墙端头起翘及顶部收分造型

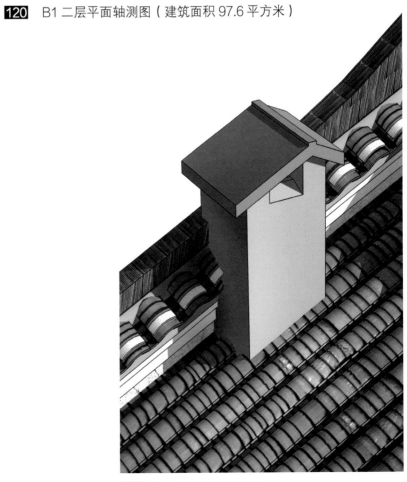

122　B1 烟囱出屋面外观

123 正面屋檐下的"白眉"

3.6.2　B1 立面

1. 造型方面

B1 仍采用 1：2 的坡屋顶和高坡垄清水脊，中心耸立叠瓦造型。前后屋檐出挑各 590 毫米（轴线出挑），比 A 户型略小。檐口边缘垂直高度仍为 200 毫米（不含瓦），屋顶仅两面坡，但屋面与山墙交接构造比悬山更为复杂。横向形体的 B 户型层数低、屋面占比大，外观沉稳大气，正脊顶高 9.13 米（平直段上缘）。

由于构造原因，B1 屋脊不居中，坡面前短后长，屋檐前高后低，正立面更显气宇轩昂，外观酷似传统民宅但功能已大为改善。单窗面积略小于 A 户型，以保持外观虚实比例和稳重感，依靠增设山墙与门廊上方的竖窗增加采光，并利用多向入射光在同一空间的不同时段营造不同的光影氛围。B1 没有采用阶梯马头墙，而是沿用桂林地区常见的端头起翘形式，大行曲线之道，用料相比前者更为节约。马头墙颈部缩为 24 墙以实现"花瓶"体型；正立面的檐口之下、窗套之上描"白眉"以承传统建筑之风。所有户型均设毛石勒脚（详见 4.5.2）。

烟囱出屋面高度与 A 户型相同，位置适中。

B 户型仅高二层且汇水均匀，可不考虑组织排水。

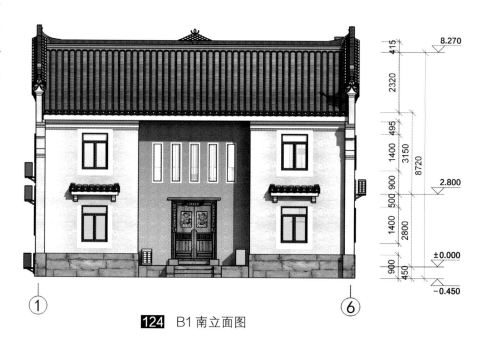

124 B1 南立面图

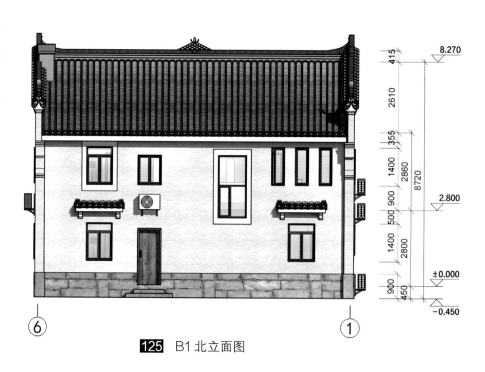

125 B1 北立面图

126 背立面的不对称开窗形式

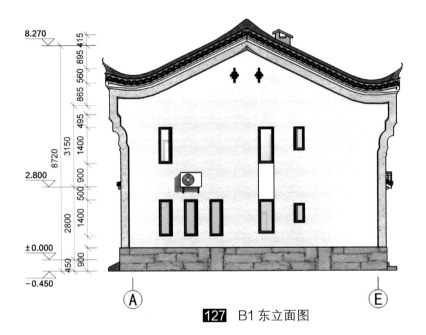

127 B1 东立面图

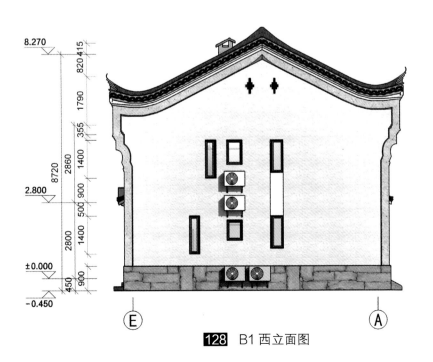

128 B1 西立面图

背立面开窗为不对称形式，以适应平面布局并突出现代气息。仅局部窗台上设独立窗楣和窗套，实用兼顾美观。白色窗套并非等宽，上下宽230毫米，左右宽180毫米，以求更为舒适的视觉效果。马头墙的比例、尺度、轮廓完全继承了传统建筑风格。为简化施工难度，屋顶未举折，仍为直坡面，东面开窗较多，面积也较西向窗口更大。东、南、北面外墙均采用了多个小竖窗并列的手法，以避免单窗过大之痹，具体分析可参阅2.8相关内容。

B1在传统入户门、高位通风窗、烟囱构造等方面均与A户型手法相同，所运用的其他传统元素请参阅第4章进行解读。

2. 色彩方面

B1户型仍以浅灰为主色调（大部分外墙）、泥黄（正、背面局部外墙）、深灰（屋面小青瓦）、白色（窗套）、木色（门、窗框、栏杆）为辅助色，以红色（对联、灯笼、晾晒的土产等）作为点缀色。山墙边缘绘制描边图案或深色带。

3. 肌理方面

B1与A户型相同，除窗套采用平整表面，其余墙面均采用凸面砂浆、三合土或真石漆等毛面材质，也可尝试贴仿古砖等其他质感朴实而立体的面材，详见第2章2.7及第6章相关论述。

4. 设备方面

水箱内置于二层西面卫生间顶部。空调内外机的建议安装位置已标出，其布置原则同A户型的要求。

3.6.3　B1空间剖析

　　B户型拟采用框架结构，24墙。乡村居民可在空间自由度与造价之间权衡，比如放弃一些连续空间和房产的远期价值，换取更为经济的结构形式。

　　B户型内部空间纵横贯通，在三大户型中最为自由洒脱，曾经在传统民居生活过的人们可以从中找回熟悉的儿时记忆。堂屋与餐厅、厨房联通，餐厨之间可分可合。

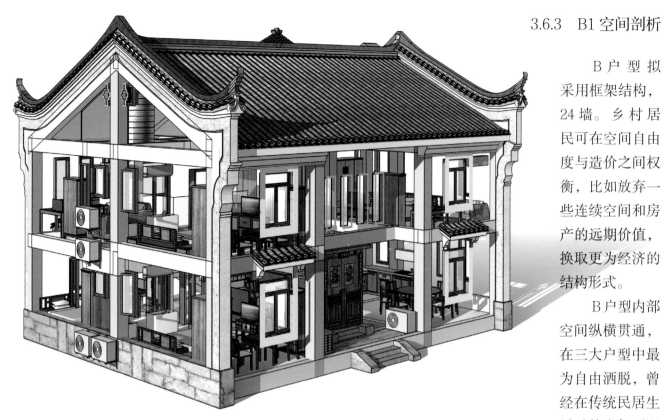
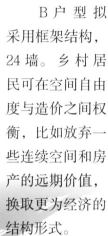

129　隐去墙体后的构造示意

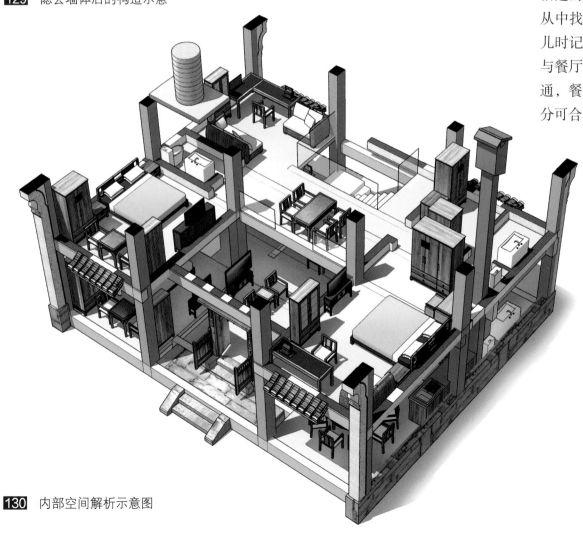

130　内部空间解析示意图

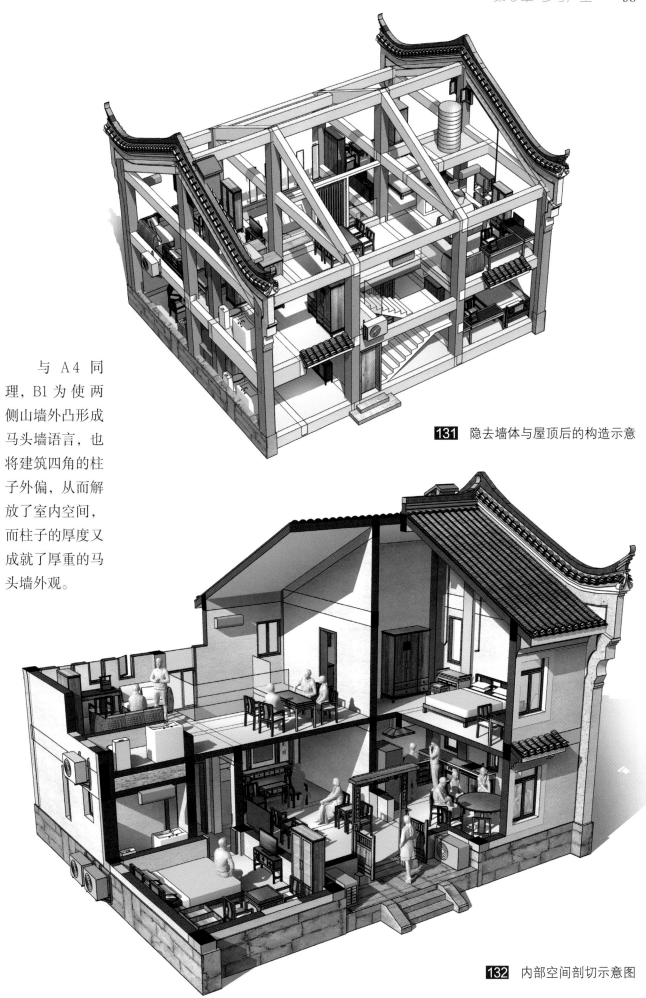

与 A4 同理，B1 为使两侧山墙外凸形成马头墙语言，也将建筑四角的柱子外偏，从而解放了室内空间，而柱子的厚度又成就了厚重的马头墙外观。

131 隐去墙体与屋顶后的构造示意

132 内部空间剖切示意图

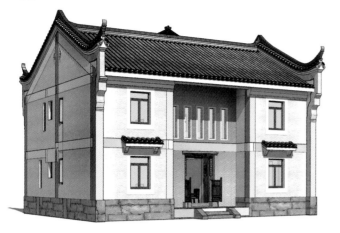 

133 主要梁、柱在西、南外墙上的位置示意　　　**134** 主要梁、柱在东、北外墙上的位置示意

 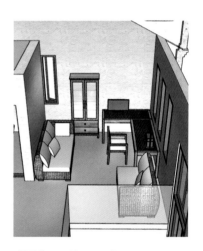

135 切开南面外墙可见的内部空间（向北观测）　　　**136** 工作室（书房）内景

137 切开北面外墙可见的内部空间（向南观测）

　　楼梯梯段净宽1050毫米，踏步长260毫米，高156毫米，属舒适尺度。

　　二层卫生间墙体均不砌至屋顶，顶部留空以使室内空间显得宽敞，也可用于储藏，以格栅等装饰手法予以遮挡。

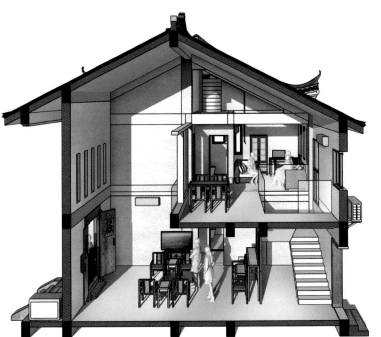

138 切开堂屋向西观测空间示意

二层过厅位于中堂之上，是连接各公共空间的枢纽。由于构造原因，堂屋后半段顶部有梁通过，可通过装饰手段予以遮掩化解。

一层主要房间层高 2.8 米，但由于框架结构打通了各个公共空间，堂屋正脊梁底高达 7.8 米，整体空间感通透宽敞，收放自如。

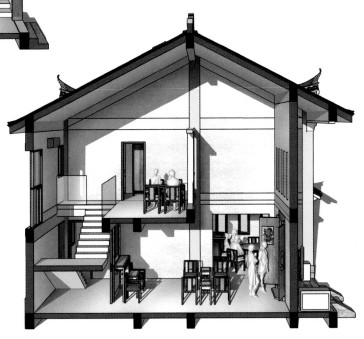

139 切开堂屋向东观测空间示意

水箱内置于二层西侧卫生间顶部，以免设备位于屋顶之上，损害建筑外观。台面标高 5.94 米，通过感应式加压泵适当补充水压。

厨房与 A 户型相同，仍采用成品烟囱经屋顶排放烹饪烟气，橱柜台面高 900 毫米（其中灶台段高 800 毫米）。

二层卧室梁底净高 5 米，为室内设计留下充足的创作空间。

140 切开西面外墙可见的内部空间（向东观测）

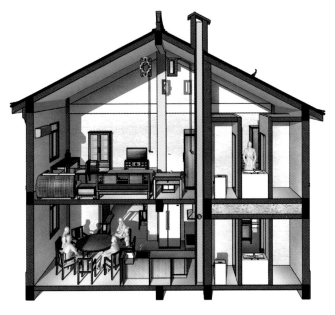

141 切开东面外墙可见的内部空间（向西观测）

3.7　B2 户型

3.7.1　B2 外观及平面

B2 户型平面布局与 B1 完全相同，区别仅在于：B1 是硬山屋顶，B2 是悬山屋顶；由于 B2 没有马头墙，两侧无需凸出墙垛，四角的柱子收回原位（对布置家具稍有干扰）。

由于少了马头墙垛，B2 占地面积略小于 B1，为 115.8 平方米（建筑 110.7 平方米 + 门廊 5.1 平方米），总建筑面积 207.9 平方米，其余指标相同。面宽 11.9 米，进深 9.3 米（轴线尺寸），层数二层，每层均有公共活动空间，可容纳 7~8 人居住。此处仅展示二层剖切及屋顶平面，其余平面分析请参阅 B1 图纸。

B2 屋顶构造相对 B1 简单，造价略低。所适合的家庭与 B1 相同。

142　B2 西北向透视图

143　B2 西南向透视图

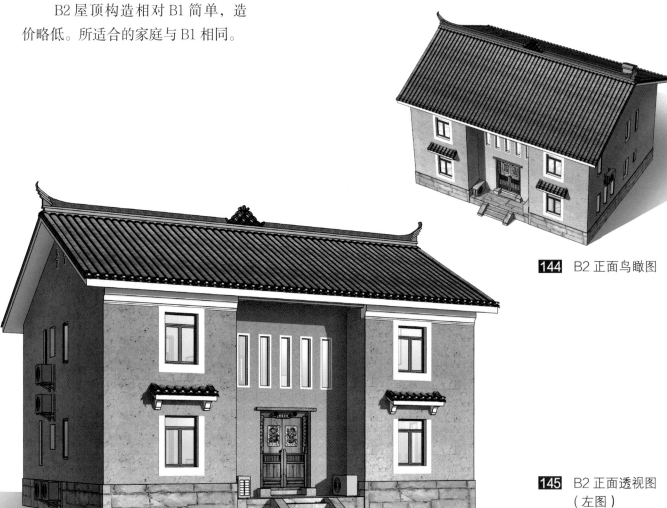

144　B2 正面鸟瞰图

145　B2 正面透视图（左图）

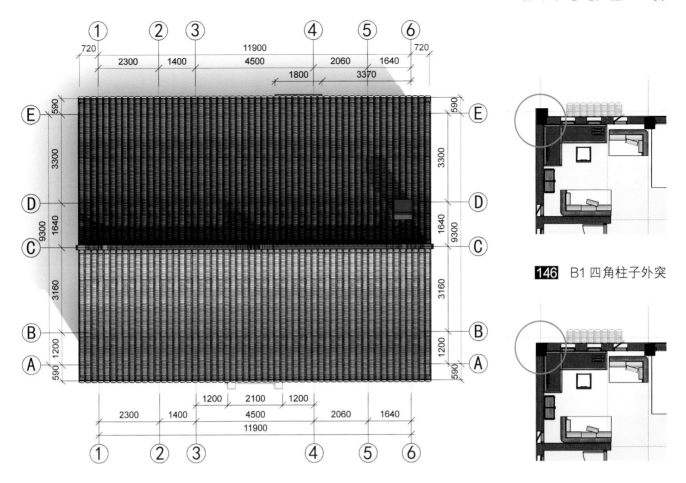

146 B1 四角柱子外突

148 B2 四角柱子内收

147 B2 屋顶平面图

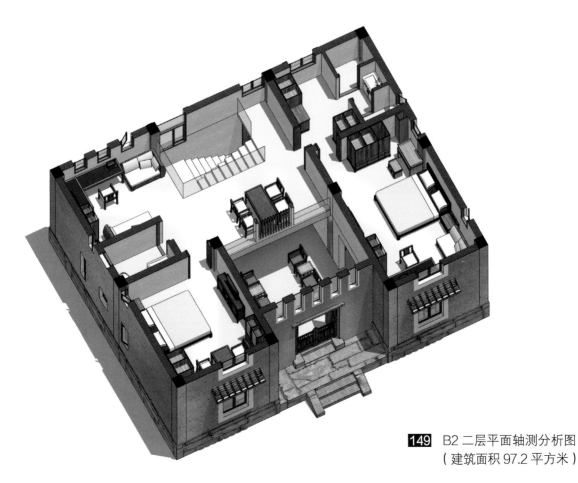

149 B2 二层平面轴测分析图
（建筑面积 97.2 平方米）

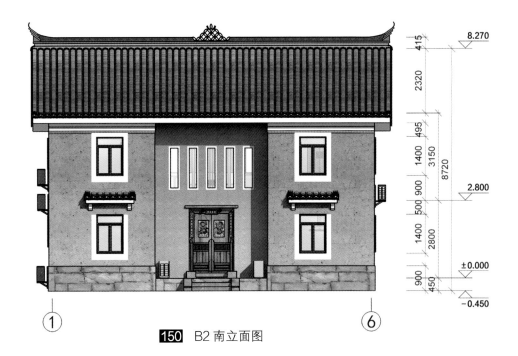

415
8.270
2320
495
1400 · 3150
8720
500 900
2.800
1400
2800
±0.000
900
450
−0.450

150 B2 南立面图

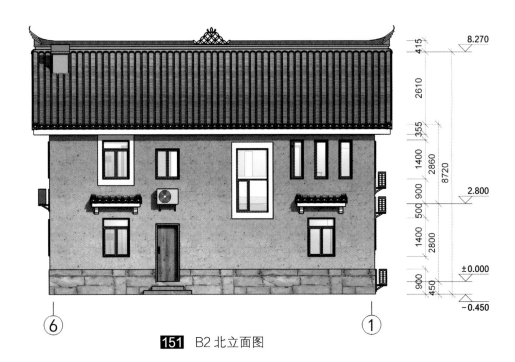

415
8.270
2610
355
1400
2860
8720
500 900
2.800
1400
2800
±0.000
900
450
−0.450

151 B2 北立面图

152 不同于其他户型的屋脊叠瓦图案

153 屋檐下的"白眉"

154 入户大门上方的小竖窗

3.7.2　B2 立面

1. 造型方面

B2 的屋顶各项指标均与 B1 相同，但形式为悬山屋顶，构造相对于硬山屋顶更为简单。前后屋檐出挑各 590 毫米（轴线出挑），两侧屋檐出挑 720 毫米（B1 侧面屋檐不出挑）。所运用的各种传统元素均与 B1 相同，请参阅 B1 介绍及第 4 章解读。

2. 色彩方面

B2 尝试以泥黄色作为主色调（所有外墙），深灰（屋面小青瓦、烟囱、勒脚等）、白色（窗套、屋檐）、木色（门与窗框）为辅助色，以红色（对联、灯笼、晾晒的土产等）作为点缀色。

3. 肌理方面

仍采用对比手法，窗套平整而墙面粗糙，外墙拟采用拌稻草或稻壳的传统三合土抹灰，或同色系真石漆、毛面砂浆等材质，与平整的表面形成反差。也可尝试贴仿古砖等其他质感朴实而立体的面材，详见第 2 章 2.7 及第 6 章相关论述。由于 A、B 方案均采用框架结构，混凝土构件将外露于砖墙表面，难以处理，故不宜采用清水墙（详细分析请参阅 2.7）。

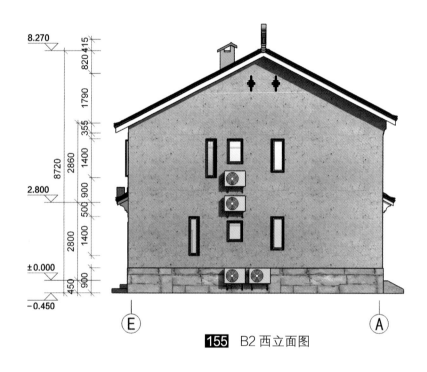

155 B2 西立面图

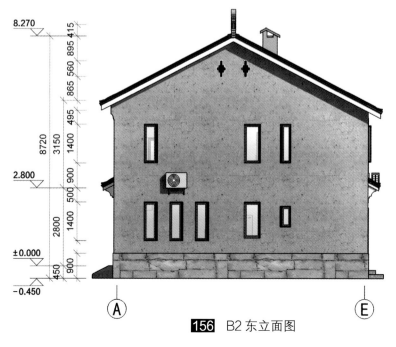

156 B2 东立面图

3.7.3　B2 空间剖析
同 B1，文字略。

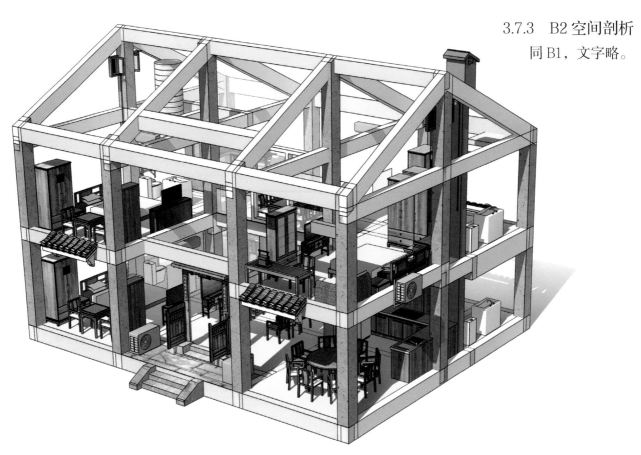

157　隐去墙体与屋面之后的建筑构造（向西北观测）

158　隐去墙体后的建筑构造（向东南观测）

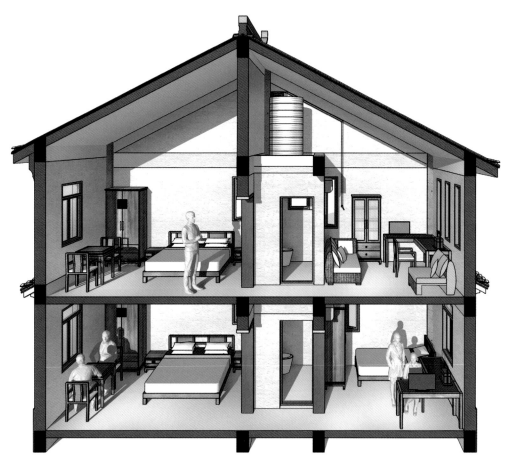

159 西侧开间内部空间（向西观测）

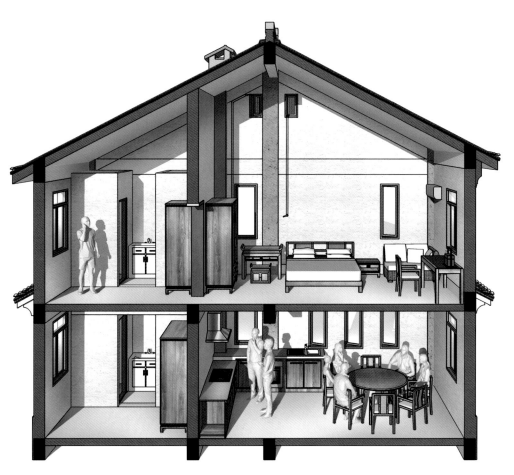

160 东侧开间内部空间（向东观测）

3.8　B户型组合

组合说明：

该院落由 B 户型与附属建筑组成，总平面相对方正，在建筑东、南方向形成一个 L 形院落。侧院狭长，通往后门，正面院门居东南角，八卦之巽位。防盗不是围墙的主要功能，为不使围墙过高影响院内采光，本章所有组合图中，围墙最低一级脊顶高仅 2.3 米，当墙体过长时以局部升高（0.6 米）和平面转折手法打破造型单调，转折可增加结构刚度并形成墙脚花池，围墙、院门的色彩与质感均与建筑有所呼应。院内种植桃花、梅花或樱花。

161 户型 B 围合院落 1 示意

此地清凉送夕晖，望中王谢亦浸微。
犹怜笼里鸡为侣，却叹矶边燕不飞。
风景无殊花自媚，园林裁半世相违，
劳劳笑尔西亭主，新柳新蒲两未肥。

——卢前《秋词八首》节选
引自《卢前诗词曲选》

162　院落屋顶平面

163 院落 1 内景

164 院落 1 入口空间

165 院落 1 外观

166 户型 B 围合院落 2 示意　　　　　　　　　　　　　　　　**167** 院落屋顶平面

组合说明：

　　该院落由两套 B 户型住宅前后组合成一进院子，利用建筑日照间距形成共用合院，总平面呈"目"字形。围墙东面设一院门。院门与围墙在建筑群体外形中具有重要的衔接作用。

168 院落 2 内景

3.9　C1 户型

　　C1 户型可以理解为 B 户型的削减版，二者具有近似的面宽和进深，但 C1 挖掉了平面右下角，形成了一个 L 形平面。也就是说，在用地面积相同的情况下，C1 将其中近三分之一的室内面积置换成了室外面积，可以形成一个非常不错的院子，造就良好的室外环境以体验院落生活，这是 C 户型最大的特点；由于面积更小，内部也没有大跨度的空间，采用较为经济的结构形式也能实现，建设总投入相对较低，是其第二个特点。

　　C1 户型适用于宅基地面积有限、进深较浅或用地不规则的场地；适合于对室内空间面积要求不高、喜好院落与植物、预算更为理性节制以及对私密性要求相对宽容的家庭。

169　C1 正面鸟瞰图

170　C1 背面透视图

171　C1 正面透视图

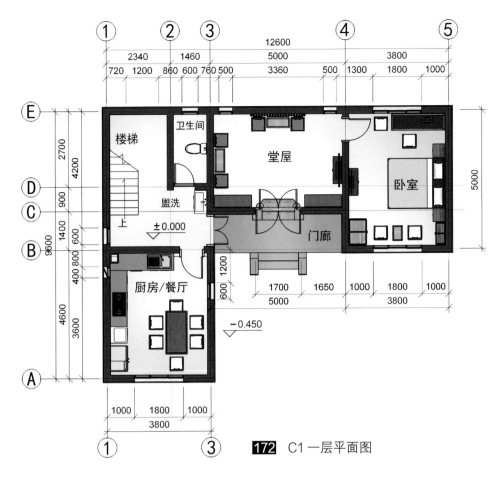

172 C1 一层平面图

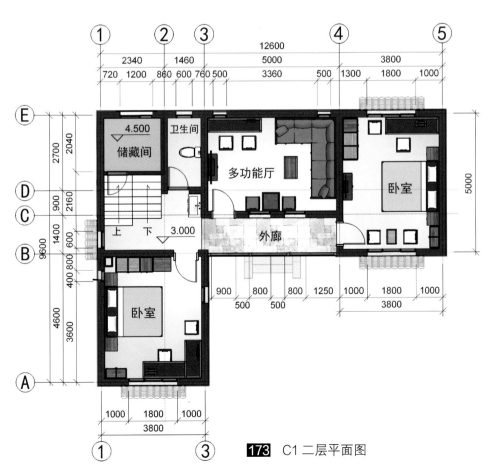

173 C1 二层平面图

3.9.1 C1 外观及平面

　　C1 户型自带围合之势，无论与谁为邻，均可构成三面围合，只需再加一面墙和一个院门即可形成四面围合。占地面积 85.9 平方米（建筑 79.2 平方米 + 门廊 6.7 平方米），总建筑面积 165.1 平方米，面宽 12.6 米，总进深 9.6 米（轴线尺寸），东侧进深 5.0 米，层数为二层，每层均有公共活动空间，可容纳 6~8 人居住。两个楼层均为共用卫生间，各房间之间相对独立，室内外之间联系却很紧密——大多房间三面为外墙，以半室外的二层外廊和一层门廊作为联系枢纽。该户型空间自由开敞，但也有夏季蚊虫之扰以及冬季夜晚如厕受冻等问题，介意者可将二层外廊以玻璃窗封闭并在入户门设吸铁式纱帘加以改善。

　　一层设一室两厅一厨一卫，餐厨结合，卧室可供 2 人居住，盥洗室外置，楼梯间下可做储藏。在门廊西侧及堂屋分设两个入户门。保留传统中堂格局，经堂屋进入卧室。厅卫之间可增设一门以方便老人夜间如厕，也可根据喜好将厨房与卧室位置对调。

　　二层设两室一厅一卫一储，可供 4 人居住。上网、娱乐、接待均在多功能厅，若将其改为卧室则本层可居住 6 人。楼梯间顶二层半处设一储藏间，以最大化利用有效空间。水箱置于本层卫生间顶部，平台标高 5.85 米。

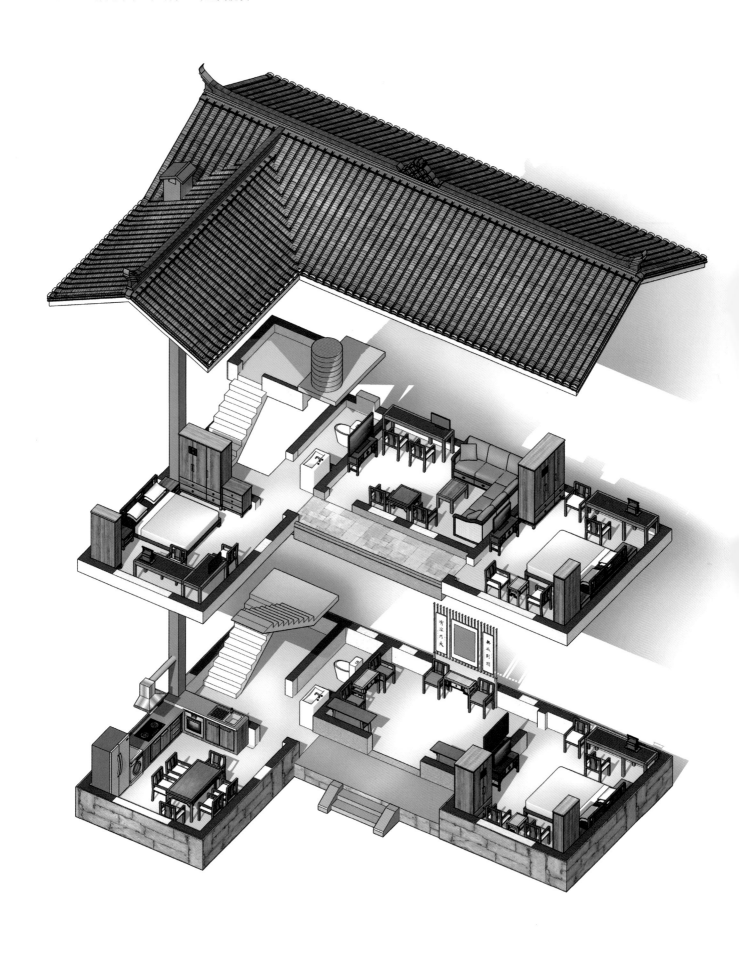

174　C1 平面分析图（一、二层建筑面积均为 79.3 平方米，外廊面积 6.6 平方米）

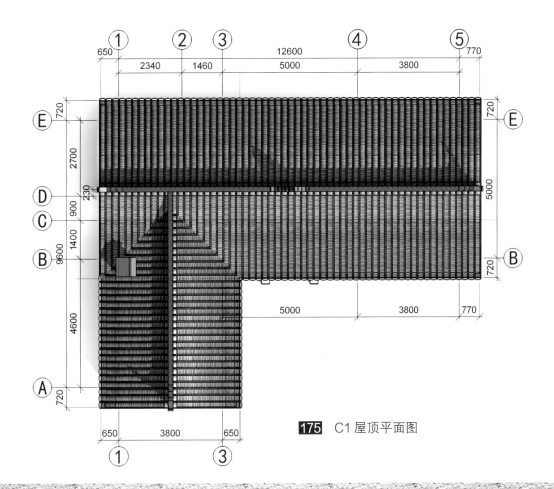

175 C1 屋顶平面图

176 C1 堂屋内景图（隐去正面外墙）

3.9.2　C1立面

由于特殊的平面形态、较低的层数以及较小的进深，C1具有纤瘦但稳重的横向形体，在东南角观看时宛如彩蝶展翅，其形态丰富了乡村的整体组合风貌。

1. 造型方面

C1采用与A1相同的悬山屋顶，南北两坡的坡向出挑各720毫米（轴线出挑），西端出挑650毫米，东端出挑770毫米。东西两坡的坡向出挑各650毫米，南端出挑720毫米；檐口边缘垂直高度仍为200毫米（不含瓦），有相交坡面，正脊顶高8.17米（平直段上缘）两个方向的屋脊均居中，卧室主要窗口采用了横窗形体，窗楣也比A、B户型相应展宽；墙脚贴毛石勒脚（详见4.5.2）。

背立面开窗为不对称形式，以适应平面布局并突出现代气息。C1在传统入户门、高位通风窗、烟囱构造等方面均与A户型做法相同，所运用的其他传统元素请参阅第4章解读。

177 C1南立面图

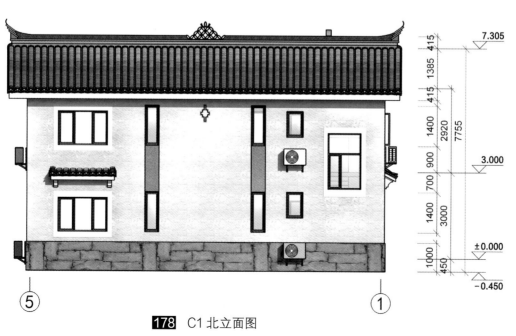

178 C1北立面图

179 图为内门打开，矮门关闭的状态。图 180 为内外门同时打开的状态

180 矮门采用金属合页或木轴均可。方案中用了金属合页，牛角状臼孔变为纯装饰，不转动

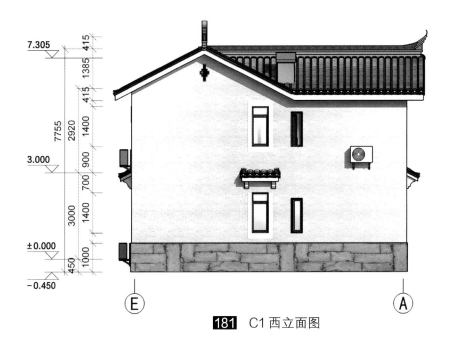

181　C1 西立面图

182　上下与左右边宽不等的白窗套

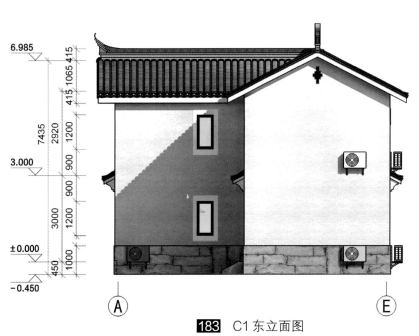

183　C1 东立面图

2. 配色方案以及墙面肌理

与 A3 和 B1 相同，C1 仍以浅灰为主调，外墙具有凹凸感，详情请参阅前述户型。

3. 设备方面

水箱内置于二层卫生间顶部。空调内外机的建议安装位置已标出，其布置原则同 A 户型要求。

C1 仅高二层，但有两个坡面汇水点，东坡、西坡可采用组织排水，其他位置可不考虑。

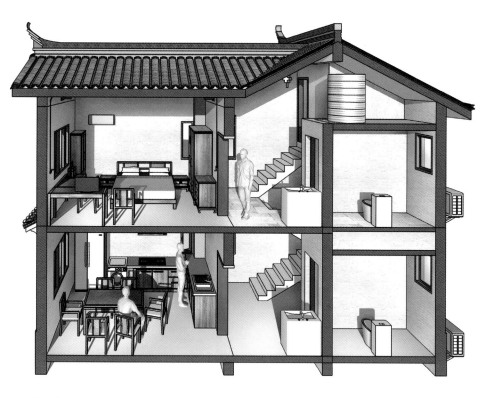

3.9.3 C1 空间剖析

　　C 户型可采用砌体结构,24 墙。楼梯梯段净宽 1050 毫米,踏步深 260 毫米,高 150 毫米,舒适平缓。厨房仍采用成品烟囱经屋顶排烟,橱柜台面高 900 毫米(其中灶台段高 800 毫米)。

　　一层层高 3 米,二层主卧室梁底高 3.85 米。楼梯间顶二层半高处设储藏间,门向外开启,二层至储藏间台阶踏步变陡,深 260 毫米,高 187 毫米。

184 C1 西侧开间内部空间示意(向西观测)

185 C1 切开西面外墙可见的内部空间(向东观测),左上角为储藏间

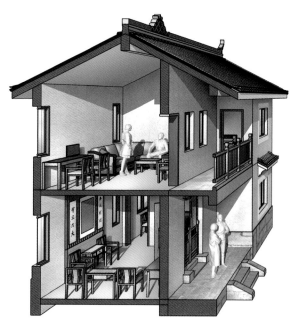

186 C1 中部开间空间分析

设计此户型是希望说明即使是宅基地指标很有限的情况下，仍然可以在室内与室外进行合理的空间划分。相对于城市住宅，这个户型的总建筑面积并不小。房子好比汽车，院子好比车库——车位必须比汽车更宽才好用，车位越窄，入库与上下车就越窘迫。如果不能扩大车位，买小点的车就是一种合理的解决方案。把面积指标全部交给室内，是不利提升环境的，应该为室外留出余地。居住在这样的房屋当中，虽然表面显得不是那么富泰，但更有风骨，接近自然。

187 正面剖切内部空间展示

188 厨房上方卧室内景

189 二层外廊

190 厨房内景

3.10　C 户型组合

组合说明：

　　如前所述，由于 C 户型让出了相当一部分室内面积给室外，院落就是对这个户型最好的回报。因占地最少，且自带围合形态，相比其他户型，其院落实现几率最大。该院在侧面连接一杂物间，为此正院之外又多了一个前院。依靠月亮门分隔（此门等同于四合院的垂花门，即"大门不出，二门不迈"所说的"二门"），比单院具有更为丰富的院落空间层次。此案例采用了桂林地区传统院落常见的"歪门斜道"形式，位于巽位的大门略向东偏斜，同时平衡了图面重量。

191 户型 C1 围合院落示意
　　　（上图）

192 院落屋顶平面（下图）

入山虽不深，渐觉远尘俗。得时草木荣，垂老光阴速。
爱此春夏交，生趣溢耳目。枯藤半著花，新笋都成竹。
弄姓莺乱飞，唤雨鸠争逐。吾亦忘其衰，学农艺嘉谷。

—— 陈作霖《入山》
引自《南京愚园文献十一种》

无论是否主动进行规划，民宅之间总是会有意无意形成一定的组合关系。如果一家人的宅基地彼此相邻，在建设前画一张总平面图简单分析思考一下，组合的结果就会好很多。

3.5 节已分析了组合院落的意义，本节再对布局中需考虑的主要问题进行一些补充：组合布局需尽量照顾景观资源共享、建筑南北朝向、日照（低的建筑宜布置于偏东、偏南方位）、消防与退道路间距（建筑不宜顶到路边，应退出一定集散场地）、视线干扰（保护隐私）、噪声干扰等问题（空调运行噪声和滴水已经形成两大公害，相邻两户在侧墙相对安装时应预先考虑空调外机位置，尽量采用组织排水，避免正对邻居窗户和空调外机，减少热气、噪音、共振对彼此的影响，若震动过大可加装橡胶减震垫隔离外机与墙体的刚性连接，以避免墙体传声干扰生活）。

排污方面，应考虑排烟对邻居可能造成的影响（如 3.5 节图 108，图中二层的 A2 户型，其烟囱就应该向远离 A3 的一方单向排风以免油烟影响 A3）。化粪池可购买成品玻璃钢产品集中设置于临道路一侧。场地宜采用透水铺装以减轻排水负担避免内涝。

在用地允许的情况下，平面布局可适当错开以丰富平面形态和立面外观；建筑侧面宜拉开间距以利开窗；建筑户型、高度、外形宜略有差别，以免过分整齐划一显得呆板；院内外都宜植树，但应选好位置，避免枝叶和根系影响正常采光以及建筑基础；汽车对院落自然和人文环境只有负面影响，不建议进入。

193 C1 围合院落外观

194 户型 C1、C2 围合院落示意

3.11　C2 户型

C2 是 C1 的进一步削减版，只有一层，且 A 轴内收了 0.7 米。占地面积 83.1 平方米（建筑 76.4 平方米 + 门廊 6.7 平方米），面宽 12.6 米，总进深 8.9 米（轴线尺寸），东侧进深 5 米，可容纳 2 人居住。该户型适用范围较窄，主要考虑供无子女陪伴的老人居住，以及作为生产和辅助用房，若倒座布置可与其他户型围合院落，形成空间层次更为丰富的建筑群，具体分析略。

195　C2 正面鸟瞰图

196　C2 背面透视图

197　C2 西立面图

198　C2 东立面图

199　C2 正面透视图

200 C2 围合院落示意

201 C2 南立面图

202 C2 北立面图

　　户型的变化没有止境。本书侧重与读者探讨建设观念，并非户型图集，且限于篇幅，仅容举寥寥几例，希望乡村居民能够借此对书中提出的各种问题展开思考：怎样才能在现代乡村民宅中延续传统乡土文化元素，从而恰当地装点桂林这片堪称东方之美典范的山水人文环境？建筑规模怎样算是临界点，再多就是浪费？建筑与院落的占地应如何分配……

　　建筑的内部功能与形态是属于使用者个人的，无论怎样折腾均无伤大雅；而外部形态则不仅属于使用者，还属于公众和社会。虽为私宅，却非私事，业主肩上也担负着一份对于历史和文化传承的责任。在得体的建筑外形之下，平面布局还有很多变通的形式，在此不再赘述，乡村居民可委托专人单独设计，因地制宜，举一反十。下一章将对本章样本户型所采用的传统元素单独进行分析。

第 4 章

遗传密码
——传统民居值得继承的元素

随着建筑材料和技术的进步，钢材、混凝土、玻璃等材料被大量运用于民用建筑，弥补了一些传统建筑的弊端。但建筑不光是拿来用的，它还是文化的载体。如同衣服，满足御寒遮羞之后，人们还要追求穿着好看，更进一步就要追求地域文化特色。但是在乡村民房的建设中人们往往止步于满足功能，很多传统的形式逐渐被抛弃了，致使很多村庄失去了传统文化特色。而文化特色是通过一系列外在的建筑元素来体现的，本章将一些我们传统民居中常见的建筑元素列举出来，人们在建设新居时可以根据条件选择性地予以继承运用。以下将从屋顶、墙、门、窗、其他构件以及附属建构筑物等几个方面分别予以介绍。

4.1　屋顶

前面章节已有分析，倘若民宅是一幅人像，坡屋顶就是人的头发或冠冕。其形态主要由以下几点构成。

4.1.1　坡屋面与小青瓦

坡屋面本为排水而做成倾斜状，历经几千年，已经像语言一样固化在人们的记忆里，成了全世界所有民族共同的审美基因，毫无疑问是值得继承的。坡屋顶要形成应有的美学效果，需要一定的可视面积，而这又有赖于全坡顶、足够陡的坡度、出挑以及色彩统一的青瓦屋面等几个因素的组合来共同实现，第2章已有具体分析。坡屋顶是乡村建设中最重要的造型元素，直接决定了乡村风貌的整体格调。当一组建筑群都采用这样的坡屋顶时，即使其他建筑元素仍不到位，乡村的整体风貌也不会差到哪去。

1

坡屋顶与小青瓦

民宅正脊中央的叠瓦造型

门楼坡屋顶正脊"如翚斯飞"的叠瓦造型

正脊的造型具有一股昂扬向上、一飞冲天的气势

脊端的蝎子尾（象鼻子）

4.1.2　屋脊

中国民居的屋脊具有重要的造型作用，如同古人头上高高挽起的发髻，勾勒出坡屋顶百折千回的外轮廓。从功能上讲，它是为了阻止两个坡屋面分水岭的接缝漏水所砌筑的遮盖垲子，以清水脊最为常见，大多用施工现场的砖瓦进行加工并层叠砌筑而成。中间为脊身，两端用叠瓦起翘的造型称为蝎子尾（也叫象鼻子），脊身中央大多用瓦叠制成各种花色图案，无论繁简均颇具中国式的传统美感。采用坡屋顶的民宅，不宜放弃此文化符号。

位于两坡分水岭的正脊对塑造屋顶形态至关重要

照壁坡顶正脊中央的叠瓦造型

4.1.3 屋檐

屋檐如同人像前额的刘海儿，位于坡屋面底部，其造型主要通过花边瓦、滴水瓦和封檐板来体现。由于距离人的视线较近，因此花边瓦和滴水瓦的装饰效果非常明显。桂林乡村传统民居一般采用合瓦屋面，其花边瓦（端头盖瓦）常采用石灰染成白色以作装饰，简洁而美观；更为讲究的民居则采用成品的花边瓦与滴水瓦。下雨时，成排的滴水瓦端泻下的水帘如同珠玉落盘，具有独特的东方美感。现代建筑在采用组织排水时虽挡住了檐下的成串雨水，但也损失了这种审美，人们可在二者之间进行选择。2层或1层的小青瓦坡屋面，只要做好地面散水和防溅水的勒脚，无须采用屋檐组织排水；3层以上则需综合权衡。

有些地区惯于使用彩色釉面瓷砖铺贴于封檐板处，虽然形成了一定的区域特征，但釉面瓷砖的光亮质感用于室外与桂林山水的大环境不相协调，年久还可能掉落伤人，建议使用涂料解决。

8

钉在水泥屋檐边缘作为装饰的木制封檐板和吊脚柱

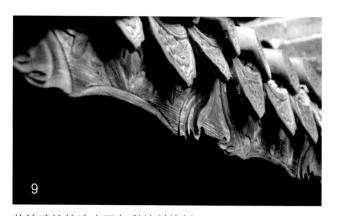

9

传统建筑的滴水瓦与彩绘封檐板

10

桂林民居常用的花边瓦（端头盖瓦），端头浸染石灰

11

较为考究的花边瓦与滴水瓦

12

桂林民居常用的花边瓦，檐口略微上翘

13

木构建筑经典的花边瓦、滴水瓦与木封檐板

14

直线阶梯状马头墙

4.2 墙

4.2.1 各种山墙形式

山墙的形式是与屋顶形制相关联的，民间建筑以悬山及硬山居多，悬山（屋顶盖住山墙并出挑）较为简单实用，而硬山（两边山墙夹住屋顶）又派生出很多封火墙形式，围绕着坡屋面的斜边，勾勒出形态各异的建筑侧面轮廓，从而形成了饶有趣味的地域建筑语言。而这些都是平屋顶所无法实现的。

不同形式的山墙，耗材和工艺要求各不相同，住户可根据对房屋的功能需求及喜好自由选择。如果形成坡屋面建筑群，阶梯状马头墙不宜过多过密，只宜在单体建筑最外侧墙体或较高处墙体适当采用。

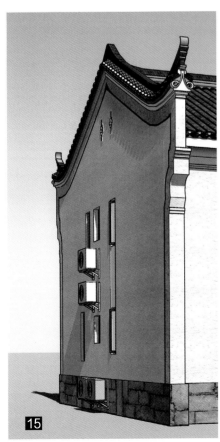

15

端头曲线起翘的硬山造型

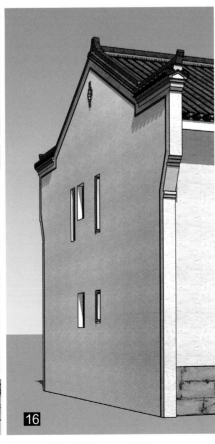

16

端头直线起翘的硬山造型

17

悬山是最为简单实用的形式

逐层退台的民宅上弧线与折线交替的马头墙

直线形山墙与弧形山墙的组合对比

形如武将头盔的马头墙

同一排建筑中不同形态的山墙组合

形如文官官帽的马头墙

硬山与悬山的自由组合丰富了街道空间形态

徽派建筑转折的马头墙

4.2.2　传统建筑墙面肌理

　　传统建筑的墙面肌理同样深深烙印在人们的历史记忆当中。除山区干栏式木建筑之外，平原地区大多传统建筑的墙体是采用青砖或泥胚砖砌筑成厚实的清水砖墙，或者用掺有植物纤维的传统三合土抹灰，质感朴实而亲切。由于它们具有一定的吸湿性，在桂林的"南风天"不易发生墙面结露现象。在乡村建设中，传统的墙面肌理是完全有条件合理地运用的，第6章将有详细介绍。

掺有稻壳的传统三合土抹灰层

毛石墙体

冷色青砖墙面与暖色三合土抹灰层

4.3 门

4.3.1 门廊

门廊是连接室内与室外的一个半室外过渡空间，有顶但没有围合的墙壁。门廊使人的空间体验层次变得更加丰富，相比城市的阳台，接地气的门廊是乡村的独栋建筑才拥有的"福利"。在传统建筑上，做减法的内凹型门廊较为多见，其建筑平面为一个凹字形，具有海纳百川、有容乃大的精神含义。也有做加法的外凸型门廊。有无门廊对住宅的空间质量影响是很显著的。表面上看，内凹门廊是占用了室内使用空间，但本书一直主张：万事皆有代价，得失总体平衡。建房也需要中庸——凡事恰到好处，不走极端。空间无论内外，都是为居者服务的，只是服务的功能和方式不同，并非都圈到屋里自己就一定得益，当然也是会有所失的。屋子的价值要通过屋外的环境来体现，合理分配室内外空间才能提升居住环境质量，内外空间悬殊太大，无异于住进了大笼子。

内凹门廊

外凸门廊

横跨巷道的门廊，兼具坊门的地标功能

外凸与内凹结合的民居门廊

4.3.2　矮门

设于入户门外侧，向外开启的矮门，是桂林乡村传统建筑的又一特色，其功能类似门帘，丰富了室内外的空间关系。可以在正门打开、矮门关闭的状态下通风采光，避免禽畜直接进入以及幼童跑出，也是宾主之间的一道屏障，令直来直去的交流稍具婉约。木制矮门丰富了民宅入口的造型，强化了乡村气质，制作代价不高却特色鲜明，非常值得采用。

传统矮门轴上端的牛角状造型富有地方特色

大门开启，矮门关闭时仍可通风采光

结合内凹门廊的矮门丰富了入户空间层次

虽残破仍不失美感的民居矮门

4.3.3　门簪

门簪即谚语"门当户对"中的户对，位于入户门框的上方。门簪大多为一对，历史上也有大户人家做两对的，酷似门的双眼。乾坤二卦是最为简洁常见又不失文化底蕴的形式，也有复杂的各式镂空木雕，种类繁多，是传统民居中的点睛之笔。随着3D雕刻技术的进展，购买成品已不再是难事。门簪是传统文化当中的一个经典符号，应予继承和发扬。

镂空雕龙门簪

门簪一般设于木门框顶部，形如一双凸眼

祥瑞题材的镂空木雕门簪，底部有莲花座

由龙与凤构成的"福"字镂空木雕门簪

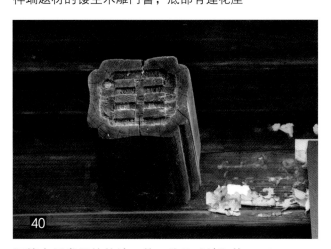

门簪中最常见的乾坤二卦，此为"坤"卦

乾坤卦象门簪中的纯阳卦——"乾"卦

4.3.4　木门框、门扇

传统入户木门是最能近距离体现木材时间之美的构件。随着岁月的流逝，年轮中疏松的部分逐渐塌陷，木材表面就会形成像波浪一样的凹凸纹理，具有独特的立体感。木工们还有专门的做旧工艺，先用火烧灼木板，然后用钢丝球刮掉疏松的部分以快速达到这种效果。

传统入户木门往往采用木门轴和木门闩。其密闭性虽弱于金属防盗门，开关时还会发出木头特有的吱呀声。这既是木门的缺点，也是其优点——任何一种对记忆和文化的守望，都在舍与得之间。人们可改用金属合页和门锁提升其机械性能，但应尽量保持木门的传统外观，门环等五金件宜采用传统形式。门框与门板表面可先用白蚁防治药水喷洒两道进行防虫处理，再涂刷木蜡油进行防水防潮。木蜡油没有油漆或熟桐油的光泽，更能凸显木料本身的质感和时间之美，代价则是每一到两年需重新涂刷养护。

乡村住宅在防盗方面没有城市的要求高，因此仍可考虑在新宅上采用传统木门，但宜设置门廊，以减少雨水对门的侵蚀。

岁月在木门上镌刻痕迹，俨然一座记忆之门　　　　　　　木门表面古色古香的波浪形凹凸纹理

44

房屋基座上残存的门枕石

4.3.5　门枕石

门枕石也叫槛垫石，是传统民居为避免槛框下沉和防潮而设。门枕石与门簪上下呼应，是传统木门的必备构件，多为整块青石条，凿孔后将门轴安放其上，即所谓"流水不腐，户枢不蠹"之户枢所在。两侧的石墩还可供人休憩。"门槛"在汉语当中有非常丰富的内涵，风水中也有诸多讲究；《弟子规》当中的"勿践阈"即指中间这道门槛是只能跨过而不应踩踏的。从这个意义上讲，门枕石无疑是一个非常值得继承的文化符号。门槛虽美观但高度不宜超过一级台阶，以免增加老人的行走障碍。没有青石的，也可折中用混凝土做成传统门枕石的外形，同样是继承了文化。具备空间条件的家庭，还可考虑在门枕石外两侧安置门鼓石。

45

门枕石古朴典雅的内部形态

46

时光荏苒，石头见证了稚齿垂髫渐成耄耋白发

47

门枕石沉稳敦厚的外部形态

48

水泥制作的门枕石虽质感略逊但依然传承了文化

4.4 窗

4.4.1 窗棂

　　由于窗棂的高度非常接近人的视点，便于仔细观赏，所以它是传统民居小木作当中细节最为丰富的构件，巧夺天工的木雕遗存灿若繁星（可惜疏于保护）。但窗棂一般用于内院门窗，较少用于外窗。且由于细节费时费工而价格不菲，现在大多用作室内装饰或收藏品，此处仅作简要介绍，不作为推荐采用的标配构件。

49

灵川迪塘村民宅的雕花木窗

50

灵川长岗岭民宅的祥瑞雕花木窗棂

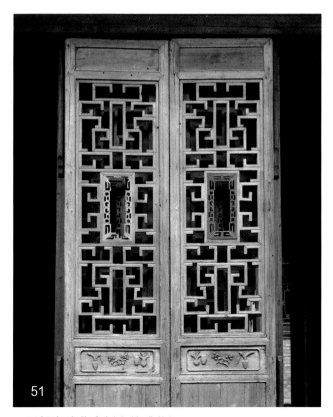

51

灵川长岗岭莫府新宅的雕花门

52

民宅门框上的弧形木雕装饰

53

因为墙体厚度降低，现代窗楣需要更大的出挑

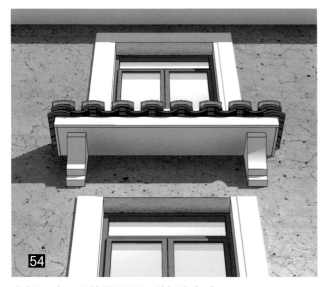

54

窗楣下端可设撑栱造型以增加稳定感

55

窗楣与窗套造型合一的古民宅

4.4.2　窗楣

窗楣一般指窗框上的横木，或指过梁。在本书中是指窗户上方出挑用于遮雨的构件。窗楣就是窗户的"眉"，与窗户的关系如同人的眉与眼，其造型作用不言而喻。经典的做法很多，传统民居也有将窗楣与窗套合为一体的。传统民居窗口小，墙体厚，依靠墙的厚度即可达到防飘雨的功能，所以传统建筑的窗楣以装饰为主，实用为辅，出挑不大。而现代民居因为窗口变大，墙体变薄，想要防范雨水随风飘入室内就需要窗楣具有一尺以上的出挑。建议将窗楣做成坡面造型，与坡屋顶相呼应，一楣对一窗。

56

古民宅的墙厚足以防范飘雨，窗楣无需过多出挑

4.4.3 窗套

　　窗套如同窗户的双眼皮或描出的眼线，在此特指窗洞外侧的描边装饰。桂林乡村的许多古民居，都流行在青砖或红砖清水墙上抹灰做白色门窗套的手法，以增加窗的细部造型，强化色彩对比；也有直接利用门、窗的石过梁和两侧石柱等结构构件兼做门窗套装饰的，凿毛青石的肌理与砖墙既有对比又有微差。两种手法各具特色，值得传承。阳朔朗梓村、恭城朗山村、全州沛田村、灵川迪塘村均不鲜见，以恭城矮寨村为例，当地传统做法是用植物纤维捣碎除碱之后掺入石灰等材料搅拌而成，抹在窗洞周边，厚约 1～1.5 厘米，形成一个宽约 20 厘米的装饰带，相比水泥，这种材料耐久不开裂，但制作工艺较为烦琐，可采用适当配比的砂浆配合涂料替代。窗套与墙面的颜色应有一定明度差异，否则意义不大，其中之一最好为素色。二者质感也应有所对比，墙体若为毛面或清水砖墙，则窗套宜为平面。

57

红砖墙，白窗套，对比鲜明

58

恭城朗山民居的扇形彩绘窗套描边

59

窗套赋予民宅更多的细节与可读性

60

新建民宅上运用外凸窗套描边示意

4.4.4 通风小窗

高位通气窗在桂林地区遗存的徽派、赣派古民居中较为常见，大多开在较高处，也有开在入户大门两侧的。其窗洞较小，一般为镂空砌筑而成，利用窗户之间的高差形成的热压产生自然气流为室内降温，具有烟囱的拔风作用，从而减少空调能耗，这也是古民居夏天依旧凉爽的原因之一。各式优美的通风窗轮廓还富有传统的文化内涵。古民居大多仅有窗洞而无窗扇，考虑防虫鼠以及冬季保温需求，窗洞内侧宜配置纱窗和玻璃窗。因通风窗位置较高，不便开关，笔者设想了一个装置，以摆臂、滑轨和齿轮控制窗扇开闭，用滑轮、钢丝与摇柄实现远距离操作，工作原理类似手摇晾衣杆。开启角大于90度。无论城乡，只要同一户内有足够高差的，均可采用。希望有心的企业能够关注这一市场需求，进行优化并量产。相对的两面墙宜同时开启通风窗以促进对流，避免单面开窗在逆风时排热受阻。

以上各图是桂林地区传统民宅中常见的通风小窗造型

恭城矮寨村的民居通气窗

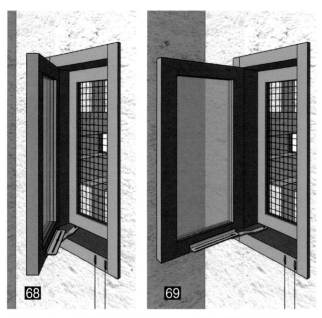

以钢丝传力带动摆臂来操作窗户开闭过程示意图

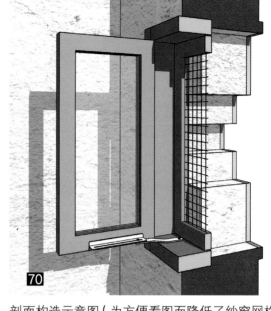

剖面构造示意图（为方便看图而降低了纱窗网格密度）

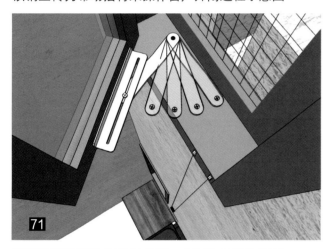

摆臂及滑轨运动范围示意图，右下为滑轮和钢丝

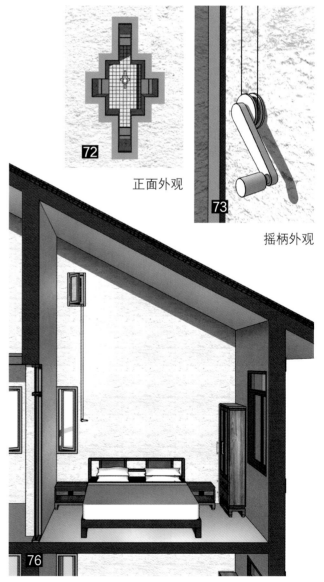

正面外观

摇柄外观

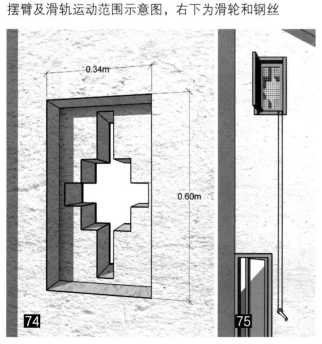

高位通风窗洞构造示意

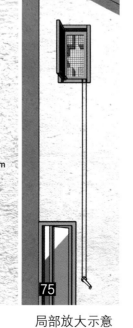

局部放大示意

摇柄距地面 1.5 米以避免儿童不当玩耍

木栏杆是现代仿古建筑当中不可或缺的元素

木栏杆是现代仿古建筑当中不可或缺的元素

时间在古民居的木柱上镌刻出深深的皱纹

4.5　其他构件

4.5.1　木栏杆

栏杆主要用于露台、阳台以及亭台水榭，以木质栏杆为最佳。木料给人的观感与触感，是新型建材所不可比拟的。人们往往诟病木料的耐候性不如水泥与陶瓷，然而衡量一件物品的除了使用寿命，还有审美寿命与使用感受。在当今乡村重复低效的建设大潮下，许多建筑的消失并非因为物理寿命终结，而是缘于存在价值的陨灭。其存世时间未必能抵得过养护得当的木构件。即使是水泥、橡胶这样的现代建材，也会因沉降、老化等原因出现开裂、渗水等问题，同样需要养护。越是期望一劳永固的工程，出问题的时候解决起来就越困难。古今多少事，从工程、机械到人的健康、认知乃至人与人的各种社会关系，都是需要养护的，世上哪有一劳永逸这回事。可人们似乎总觉得建筑可以一劳永逸，希望在建设阶段毕其功于一役，为此放弃了很多需要通过长期维护才能拥有的东西。万事皆有代价，万事也皆有回报。养护时付出一些辛劳，得到的回报是审美价值的延续和使用感受的提升。便利与美观，只能权衡，不可兼得。

除了木栏杆，还可采用仿木纹金属或生态木、花式砖瓦砌筑等方式营造具有中国传统美感的栏杆，不宜采用欧式的葫芦柱（花瓶柱），具体原因请参看第 2 章 2.12 的分析。

灰色压顶的砖砌镂空栏杆不失东方美感

桂林鲁家村的砖砌镂空栏杆

4.5.2　勒脚

　　勒脚是建筑物外墙的墙脚，为了防止雨水反溅侵蚀墙面而设置，具有一定的装饰性。如果把一栋民宅比作人像，勒脚就好比是衣领，它使房子看起来更为稳重，与古代宫殿建筑的台基有近似的视觉作用。有的古民居直接以凿毛的石块砌筑墙体基脚用于防水，墙体拐角处还将条石竖立以形成独特的外观效果；现代民居则可在外墙表面铺贴砖、石，也可采用防水砂浆配合涂料或经过防水处理的三合土，均可做出不错的效果。

铺贴文化石的现代建筑外墙勒脚

传统泥胚砖房的石砌墙基

铺贴青石板的现代建筑外墙勒脚

传统青砖房的石砌墙基和拐角竖条石

鹅卵石砌筑的围墙墙基

4.5.3　柱础

　　柱础是古建筑为了防止木柱被雨水侵蚀而垫在木柱之下与之榫卯的石墩子，比木柱粗，组合后形成更为丰富的造型层次以及上小下大的外轮廓，使柱子更具稳定感。横截面常为方、圆、多边形，纵截面的变化更为丰富。柱础表面往往雕刻祥瑞图案或故事题材，是体现传统建筑神韵的重要装饰构件。虽然现代乡村民宅的主体部分已很少有机会使用木柱和柱础石，但是在门廊、外廊、院门、休息亭以及一些附属的木构建筑上仍有其用武之地，同样可以弘扬传统文化。

外墙脚尚未安装木柱的柱础石

柱础石往往配以祥瑞浮雕，是重要的装饰构件

永福横山民宅的八棱柱础石

成都文殊院的红砂岩柱子与柱础石

4.5.4　烟囱

在烧柴做饭的年代，炊烟是带有美学意义的，往往被写进文学作品。而能源结构的变化以及机械排烟的普及，使得这点美感也消失了，现代炊烟剩下的只有污染。桂林春夏的"南风天"几乎无风，空气污染得不到稀释；乡村建筑又普遍较为密集，许多民宅在新建时并未设计烟囱，而是从厨房向侧面直排油烟。随着人们对健康的逐年重视，这种做法引发邻里纠纷是迟早的事。油烟问题在城市中也是痼疾，沿街底层商铺在建筑设计阶段往往因为功能定位不明确而缺乏对餐饮排烟的考虑，导致餐饮企业进驻后与附近居民之间纠纷频发。无处排放者甚至将排烟管接入下水道，使普通污染变成严重污染。目前较发达的地区采用加装油烟净化器的方式进行减排，而在三四线城市，人们愿意为健康支付代价的门槛较高，这类纠纷很难解决——餐饮企业往往不愿花费三五千元去购买油烟净化器（即使购买了也并非都能做到自觉定期清洗），向消费者转嫁成本又会降低他们的竞争力；受害者群体在如何与污染企业分担治理成本方面也意见不一，导致人们的幸福感与身心健康长期受损。设计的浪费是最大的浪费——解决的出路还是需要在设计阶段先把烟囱问题考虑周全。

在很多地区，餐饮油烟排放的 PM2.5 已占当地 PM2.5 总量的 10%~15%，超过工业排放，直逼机动车排放量，成为威胁人们健康的重要因素。烟囱虽不能直接减少 PM2.5 排放，但能有效降低附近生活区域的污染强度。如何处理烟囱里的液态油，未来怎样接驳油烟净化器，或与地下专用排烟管道对接后集中处理污染，都需在设计初期予以考虑，留出接口，否则后期改动代价将会很大。

德国巴伐利亚民宅坡屋顶上的烟囱

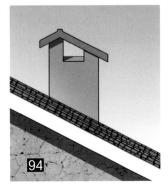

硬山屋面（左）与悬山屋面（右）的烟囱出屋面造型

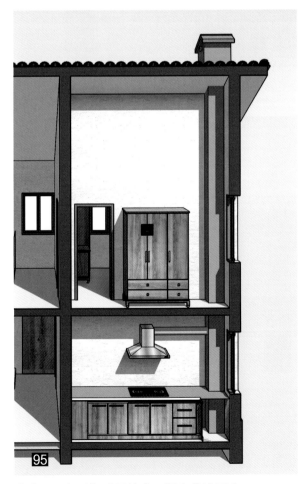

本书 B2 户型拟采用的成品烟囱构造示意

4.6　附属建构筑物

4.6.1　院门

　　院门(也称门楼)是民宅入口的标志,具有重要的观赏价值,同时也是民宅的"脸面",不宜过分简单。传统院门多为两坡顶形式,与主体建筑相呼应,工艺考究。院门形式丰富多彩,木、砖、石、植物搭建均可,效果各异。乡村居民可量力而行,将经费主要用在基本造型上,而装饰构件则可相应简化,节省资金而不失神韵。在用地许可时,院门也宜适当内凹形成门前集散空间。

传统院落精致考究的门楼 1

传统院落精致考究的门楼 2

现代乡村院落简约而不简单的门楼 1

现代乡村院落简约而不简单的门楼 2

4.6.2　院墙

　　院墙是传统建筑群中的一个重要元素，它能将一组建筑围合成一个独立空间，闹中取静。其造型多样，虚实自由，还可在墙脚和墙面施以绿化或绘画。建筑是"山"，院墙是"雾"，二者配合才能相得益彰，给人以想象的空间。在乡村，围墙主要起到空间区隔与视觉遮挡的作用，防盗并非主要目的，因此高矮繁简皆宜，平均高度不建议超过 2.5 米，以免过高影响日照，也不利搭配合适的院门。竹木、砖石、绿篱都可用于营建。

　　院墙顶部适宜略有高低错落，阶状或弧形均可；平面上宜有进退转折，可增加整体刚度并化解单调，内凹部分可设花池及小品。墙面及勒脚可以采用比主体建筑更为粗犷的做法。墙顶采用铺瓦或砖压顶均可，但无论采用哪种手法，都应突出乡村的质朴气息。

100

粗犷质朴的民宅围墙

101

院墙的遮蔽效果

102

砖砌坡顶镂空院墙

103

砖砌坡顶镂空院墙

104

院墙的起伏坡顶

4.6.3　坊门

　　坊门是古时街巷的门，是划分街巷的地标建筑，也有为了标榜功德而设立的牌坊，是聚落中少有的正对街巷轴线的建筑。坊门为街巷赋予了主题，使乡村街道具备了优美的对景，公共空间的形态变得更有层次——从街道经坊门到巷，再经院门进入宅子，井然有序。坊门上往往有牌匾、对联等文字内容，将文化内涵与故事性注入公共空间，潜移默化着人们。坊门属于公共建筑，需要附近居民共同筹资设计修建，如若不能形成一致的愿景与分摊方案则难以实现。

乌镇庙西街坊门　　　　　　　　灵川迪塘村培凤楼　　　　　　　恭城周家湾坊门

朗山村内横跨小巷的过街楼　　　恭城朗山村入口坊门

乌镇小巷中的过街楼，与坊门异曲同工

乌镇西栅大街中心的坊门

云南腾冲和顺乡街道口的牌楼

云南腾冲和顺乡桥头的坊门

富川县秀水村入口"世族"坊门

秀水村内的坊门

乡村戏台。戏台之下设人行通道，通道两侧为休憩场所

乌镇民宅临水一侧的休息廊。凭栏而望，烟柳拂堤，轻风渡雨

乌镇西市河畔，道边随处是可供行人休憩的座椅

4.6.4　休憩及娱乐建筑

　　戏台、休息廊是传统乡村的公共设施，除了为人们提供娱乐、休憩、交流、庆典的场所，还因其不同于住宅的建筑造型，丰富了乡村的空间形态。和坊门一样，这些公共建筑的用地与经费都需要提前进行规划。

　　以上列举的这些元素，共同构成了我们传统建筑文化的遗传密码，曾经或将会成为每个乡村居民历史记忆的一部分。成长于这样的环境之中，也是我们之所以认同自己是中国人的原因之一。这些建筑元素与现代建筑的使用功能并不冲突，是完全有条件，也应该予以继承和发扬的。本书第3章的参考户型当中就大量运用了这些元素。随着它们的复兴，乡村的对外吸引力以及乡村居民的文化归属感都会随之得到提升。中国传统建筑文化博大精深，除了这些能够看见的表象，其背后还有很多更为深邃的内涵，有心者还可深入探究。

第 5 章

景观的巨大作用

——只靠房子就能美？

如果把房子比作人，景观就是房子的衣裳。肢体是不可更换的，衣裳却可以随时变换；建筑的线条是刚硬的，而景观的线条是柔和的；建筑的色彩是素淡的，景观的色彩是丰富多彩的；建筑是静态的，而景观是动态的，充满生机。建筑与景观相得益彰，仅仅依靠房子，营造不了美丽乡村。

近年来，民宿发展方兴未艾，乡村居民的闲置住房成为发展乡村旅游、养老等产业的载体。但有不少民宿建筑风貌和景观都不理想，难以与大环境形成一个美的整体，往往在第一轮网上竞争中就被游客淘汰。景观欠佳成了限制其价格和吸引力的重要原因。

乡村环境接地气，生物多样性丰富，外部生态环境优于城市，并且还具备场地优势，拥有更好的造景条件，但实际情况却不如城市，除了经济条件等客观原因，也有主观原因——人们是否有热情去营造优美的景观呢？希望以下内容，能够唤起人们的热情。

1 优美的环境离不开植被的润泽（京都西源院）

2 景观大树的优美身形是经济型果树难以替代的

3、4 相隔万里的两所民居，爱美之心却是相通的（奥地利哈尔施塔特／四川甘孜新都桥）

5 藤蔓与鲜花淹没了墙体刚硬的线条

6 林荫道中凉风习习，每吸入一口新鲜空气都倍感清爽（德国阿尔卑斯湖）

7 廊桥花雨（瑞士琉森）

　　景观的做法没有止境，一本书无法穷尽。各种手法还可以互有穿插，没有明确的界限，因此很难按某一种维度对其进行分类，本章就以空间位置作为划分标准，列举部分景观案例作为参考，乡村居民可在此基础上自行发挥。

8 铁艺制作的花盆支架，承托着窗前的美好憧憬（德国陶伯河上游罗腾堡的铁匠铺）

5.1 窗台与阳台绿化

9　比起多修一层房子，拾掇这几丛花投入更少，却
　对居住环境和身心健康的贡献更为显著

10、11
　挂在阳台栏杆外的花卉

12　窗台绿化是建筑绿化的点睛之笔，简单易行，在
　欧洲各国尤其盛行。需注意开窗方向可能与花碰
　撞，花盆顶部应比窗台略低，室内可见花丛即可。
　内开窗与推拉窗则无此虑

150

13

14

15

16

13、14
窗台绿化为窗外景观提供了柔和的前景（纳帕谷）

15　逆光下半透明的花瓣与枝叶更具魅力（慕尼黑）

16　外挂花盆一般为长条形(或长条形木制花盆容器），便于被铁钩捧起，避免掉落，乡村铁匠可手工锻造具有地方特色的铁艺挂钩（瑞士因特拉肯）

17、18
悬挂花盆的钢构件，由上下两个固定构件夹住一片可前后滑动的钢片，以适应不同厚度的花盆容器，并将其夹紧固定（德国慕尼黑）

17

18

19　清晨的阳光照亮半山小路边的窗花，伴随着屋内隐约飘出的吉他声，沁人心脾（哈尔施塔特）

20 鲜花与凹凸的墙面形成鲜明对比，充满静物之美。读者可对比墙面与这幅图旁边的白纸（类似光面外墙），品味其中的质感差异（德国菲森）

窗儿外万朵蔷薇开得好，
颤巍巍地犹向东风笑。
窗儿内坐了个散发年少，
他还不知道暮春已到，
实指望他的年纪小。
　"爱惜春光，莫待花儿老，
　　三月去了，四月去了，
　　爱惜春光，如今须趁早！"
絮叨叨兀的向著他来告。
——猛抬头，哦，一只小鸟。
到黄昏小鸟飞到窗儿上，
啁啾啾地他依然不管。
偶然间背乎走过东篱畔，
有黄花却不似蔷薇样；
蔷薇那有这黄花香。
　"珍重孤芳，摘他去供养，
　　瓶中水满，瓮中酒满，
　　珍重孤芳，对他如何想？"
心爱黄花一声儿又不响！
——蓦回头，呀，一抹斜阳。
　　　　　　——卢前《花鸟吟》

21 配以木雕装饰的花盆，使外挂花盆又成了建筑构件的一部分

22 花卉与攀缘植物共同装饰外墙，外眺内望皆美轮美奂。万事都有代价，花不会常开，叶不会常绿，想要美景不凋谢，居住者需要常年辛勤的维护（陶伯河上游罗腾堡）

23 遮阳百叶窗 + 鲜花 + 装饰品 + 窗帘，组成饶有趣味的窗景（捷克布拉格）

154

5.2　外墙绿化

葡萄晚结实,藤蔓自交加。
伊谁折断之,委弃在泥沙。
忽与百尺桐,盘根竞苴芽。
僵如蛇倒挂,矫若龙腾挐。
气已干云上,势不随风斜。
茑生聊施柏,蓬直非因麻。
物理那可测,天瑞人争夸。
春晖堂在望,高耸檐间牙。
枝柯相掩映,墙峻不能遮。
钟灵此乔木,藉以表君家。

——陈作霖《瑞藤记》

24　外墙绿化主要是依靠藤蔓植物。藤蔓除了美化作用,在炎热的夏季还能有效减少外墙受到的热辐射,降低空调能耗

25　绘画与藤蔓都是克服单调的大面积外墙的有效手段。此例两种手法双管齐下(慕尼黑)

26、27
　　藤蔓为建筑穿上了一层毛茸茸的衣服,使冷硬的界面变得柔软而友好,成为名副其实的绿色建筑(加州大学洛杉矶分校)

28　红砖的直线肌理与绿藤的曲线肌理相得益彰

29　勤于修剪能使藤蔓包裹建筑的轮廓线可控,从而成为建筑的一部分,有机地服务于建筑造型,使其外形色彩四季可变,前提是选对品种(南加州大学)

30　在拥挤的村中,穿上"迷彩衣"是过大过高的建筑重新融入自然和改善狭窄巷道观感的上佳手段(哈尔施塔特)

31　院门上的"绒帽"(西班牙安达卢西亚的龙达老城)

30

31

穿上"迷彩服"的教学楼，变成一棵方形的"大树"（四川美术学院）

33 墙脚外侧可留出 0.5~1 米宽的绿化带，种植灌木成为建筑的"裳"，使建筑若隐若现，如同烟雨漓江上山与雾的关系（南宁青瓦房）

34 墨绿的"山崖"，嫩绿的"瀑布"，让这栋大体量建筑悄然遁形于自然环境之中（四川美术学院）

35

35 即使在没有空间栽树的窄巷，外墙绿化一旦形成规模，也能产生森林般的效果（罗腾堡）

36 藤蔓与花草汇成绿色的瀑布。广西乡村可考虑百香果、牵牛花等攀缘植物

37、38
钉在墙上供植物攀爬的铁丝网和木架。若非必要，本书不建议采用，藤蔓生长不匀或冬季枯萎时会露出架子影响观瞻，还可能带来危险。依靠肌理粗糙的墙面就足以解决植物攀爬的问题。

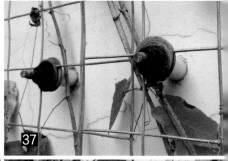

37

36

38

5.3 地面绿化

5.3.1 民宅入口

39、40
　　门外盛开的鲜花，折射出居住者的精气神，让路过的人都能得到好心情（霍普芬湖民宅）

41　小小的入口空间，也能装点得如此出彩。营造景观就像减肥，贵在坚持，无法毕其功于一役。每日料理，清理败花腐叶，才能维持这般景象（哈尔施塔特）

42

43

今年难得春逢闰，小园日日探芳讯。姹紫嫣红次第开，百廿光阴止一瞬。张幔悬铃谨获持，依旧落英飞作阵。君不见佛家一劫一灰尘，打破虚空有几人。

爱花须识花情性，品花须判花宜称。清香拂拂借风传，暖意融融邀月映。可奈天公不世情，日炙雨零花短命。君不见东坡海外哭朝云，美人长寿古未闻。

风风雨雨将春送，筑冢葬花心最痛。杜鹃带血犹自啼，蝴蝶多情时入梦。早知艳色总成空，深悔当初手亲种。君不见冒园春事久阑珊，影梅忆语怕重看。

藏花曾筑黄金屋，照花也烧红蜡烛。从来我辈最钟情，植根浅薄花无福。枝头子亦随风零，阴阴一片伤心绿。君不见韦郎老矣非少年，玉箫空结再来缘。

——陈作霖《和艺风年丈惜花之作》

42　花经雨洗红埋草，径少人过绿长苔。经入口甬道至门廊，再进屋，层层过渡，井然有序

43　满园薰衣草，淡淡的幽香，引来几只蜜蜂。嗡嗡的振翅声更衬出环境的静谧

44　旧家什变身花盆兼门神，既赋予了炉子新的功能，又照顾了恋旧，配以台阶旁的雕塑小品，入口空间立刻就有了灵气，似乎有童话故事刚刚发生（哈尔施塔特）

45　门廊就像领带，是建筑入口的标志、休憩和避雨的过渡空间，还能惠及他人。有鲜花则画龙点睛（哈尔施塔特）

46　一丛花，也是礼数，令人心生敬意，刮目相看

47　即使建筑本身并不出彩，但绿化与小品得体，同样会使整体观感大为增色

48　植被除了美化环境，还能给留守老人和儿童以精神寄托，不至虚掷大好光阴

44

49

50

51

52

53

5.3.2 民宅周边

49、50
    村庄内道路两旁绿草茵茵，繁花似锦。即使用地如此紧张，每户居民建房时也会后退一定距离，留出余地，将自家临路一侧做成绿化，行走其间，倍觉清爽。花草的适当阻隔，也保护了住家的隐私

51 窗外盛开薰衣草，内望外眺两相宜。窗户下方尤其有文章可做，内外均可借景（法国戈尔德）

52 盆栽配合小品，平添童趣 （奥地利因斯布鲁克）

53 一盆花，点亮一个院子（美国纳帕）

54 墓地也能做成花园，化悲伤为祥和（哈尔施塔特）

55 花草不在乎名贵，而在乎绽放生命的精神。向日葵和菊花都是乡间常见的植物，尤其适合进驻村中的闲置地（美国纳帕）

56 窗外、墙脚是重要的绿化阵地，留出空间，不要硬化。只需留出窄窄的步道即可（哈尔施塔特）

54

55

56

57

58

5.3.3 消极空间

57、58
第2章曾有分析，村中的边角地，以及无人利用和管理的消极空间，容易发展为各种脏乱差现象。如果用绿化将其填充，就能成为积极空间，提升居住环境质量

5.4 休憩设施

59 德国菲森霍普芬湖岸公路旁的公共休息座椅，设置在风景很好的位置。路过的人即使不累也会坐下来驻足凝望。村边的开阔地带，可以设置这样向外观景的共享设施

60 池塘围栏稍作变通，即可成为休息座椅，其中玄妙皆在木匠的巧手中（贵州肇兴侗寨）

61 露白葭苍，伊人宛在；峰回路转，有亭翼然。桂林乡村之间不着村店的位置还遗存了不少供赶路人休息的亭子，前人的精神应予发扬

62 村中步道拐角处的公共休息凳

上长亭，小园秋色暮云平。一番雨洗天阶净，几点山青。茶烟袅袅生，翠叶垂垂映，且闲把回阑凭。问何时折柳，送我东行？

——卢前《长亭茗坐》
北双调·殿前欢

59

60

61

62

63

64

63 简朴而错落有致的休息廊，两侧悬挂着退休的农具，粒粒皆辛苦，历历在目。这种休息廊特别适合建在田间地头，为耕作者和来客遮阳避雨。有了它，田园景观更具人文气息（四川美术学院）

64 在屋后为留守的子女搭一个秋千，当不算难。有条件的最好能采用滚珠轴承并做好放水防潮，轴承噪音小，阻力也小，孩子玩耍更尽兴

65 塘边有亭，画龙点睛。水中倒影，如入梦境。池塘是一面镜子，需要景物映入其中才美。村里的水池鱼塘，皆可效仿（重庆聚奎中学九曲池 夜雨亭 - 鉴止亭，皆为石亭，建于巨石之上）

65

66

5.5　景观小品

66　红砂岩具有温和而沧桑的质感，搭建的小石桥
　　极富历史韵味，与水中植物相映成趣。步行桥
　　与倒影往往成为乡村的亮点，但桥形需经认真
　　设计（四川美术学院）

67　川美的石拱桥，采用条石与卵石混合砌筑，肌
　　理沉稳而活泼。桥面搭配柱础、石雕等本不属
　　于小桥的建筑构件，让人在休憩之余，还能从
　　中解读往昔时光

68　朴素的小亭，将一棵树揽入怀中，极富童趣，
　　也传递了人类应该顺应自然，与自然和谐相处
　　的人文理念（四川美术学院）

67

68

69 直线属于人类，曲线属于上帝。是整齐划一的墙面更美，还是这样的墙面更美？
砌筑这样一道矮护坡，自然与人文之美都有了

70 美可以是奢华的，也可以是朴素的；美的代价可以很高，也可以很低，取决于审美观以及动手的能力。如果凡事都
想靠钱解决，代价一般都不低。而自己动动手，惊喜随时都可能出现。世上从来不缺少美，缺的是发现美的能力。
这些石雕残块、废旧坛子和石磨，退休之后，别急着扔进垃圾堆。它们还能在墙上继续讲故事，变成 24 小时开放
的露天博物馆。依靠大小各异的块石把它们组合起来，既美观又节约石材，一举两得。坛子的周围应砌出拱形结构，
避免使其受压。富有田园气息的油菜花则为本没有生命的陶罐和石头注入了活力（四川美院）

71　坛子盆栽与木桩巧妙搭配，不仅是绿化，还是雕塑小品。这些材料在乡村不难获得（大邑安仁古镇）

72　别具一格的菜畦（四川美术学院）

73　退休水泵返聘做了小品，在流金岁月中继续展现着
　　工艺之美（纳帕谷）

74、75 无论年岁多大的人，都怀有一颗童心。小品的妙处就在于能够将人心中沉睡的童心唤醒并发出共鸣。图为花园门口迎宾的青蛙与猫头鹰（哈尔施塔特）

76　净手池——净手亦净心（奈良元兴寺）

77　园中富有动感的竹春水景，竹筒随着水满与倒空而间歇起伏（京都龙安寺西源院）

78　花盆叠制的"稻草人"，为田野平添趣味（杭州西溪湿地）

79　淙淙水声与树叶沙响让屋后溪畔更显宁静（美国克罗利湖）

80　旋转的风向标暗示着世界永不静止（美国纳帕）

81

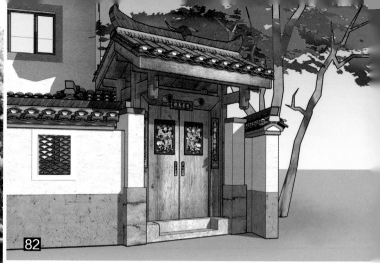

82

夕阳何限意，写影宅门南。老树犹如此，流人更不堪。无疑归是梦，回味蔗同甘。叶落乌啼处，乡愁孰可谙。

——卢前《宅门》

5.6 景观院门

83

84

85　小巧而沉稳的砖砌小院门

86　带照壁的木构院门，门与照壁之间有小巧的回旋空间，先用圆窗框景而后步移景异

87　跨院之间的月亮门

88　院门与院墙从视觉上削减了主体建筑将近一层半的可视高度，使建筑显得不再高大（奈良斑鸠町）

174

5.7 景观院墙

5.7.1 竹木围栏

89 木棒搭建的矮栅栏，高约1米。端头倒圆以避免意外伤害（瑞士因特拉肯）

90 藤条与竹竿组合而成的围墙，简朴而有文化气息，具有独特的质感与色彩（奈良元兴寺）

91 横编竹篱墙（阳朔喜岳云庐）

92 纵编竹篱墙（阳朔竹窗溪语）

93、94
粗犷质朴的木栏杆，非常符合乡村的气质（纳帕/太浩湖）

5.7.2 砖石围墙

95 西溪湿地的矮墙与休息凳，简约而不失乡韵

96 矮墙的好处是视线通透，景色共享，又有一定的阻隔作用（法国戈尔德民宅的石砌景观隔墙）

97 一片芳华出墙来。园中的花儿翻过戈尔德村道边的石砌围墙，形成动静与刚柔的鲜明对比。石墙的粗糙表面在经过反射的阳光下极具真实感与可读性

95

96

97

98、99
　　西溪湿地的景观矮墙，由砖与三合土交叠而成，顶部覆瓦。墙内种植松筠，如同水墨画中晕开的一片云雾，将前景的围墙与背景的建筑区隔开来。图98为远景，图99为近景

100、101
　　西溪湿地河渚街一带民房的开放式院墙。墙顶高约2.3米，厚约0.4米，墙身下部约六成高度为石头砌筑，其余四成以夯土和砖叠砌。顶部覆瓦，粗犷古朴，"土"气十足。图100为远景，图101为近景

102

105

102~104
　　围墙高度宜根据分段略有差异或呈波浪形，以丰富立面效果。砖墙可开窗洞，以小青瓦叠砌各种镂空图案，形成半透景墙，通风显景。围墙过长时可择位弯折形成内凹空间，化解单调并缩小体积感，弯折能增强整体刚度，内凹空间可做绿化

105　空白墙面除了用藤蔓，还可用绘画进行装饰，但需使用耐候性强的颜料（安徽宏村）

106　砖石围墙，下半部以卵石砌筑，上附攀援植物；上半部以砖砌刷白，顶部覆瓦，既有绿化，又有文化（安徽宏村）

103

104

106

107

108

109

5.7.3 绿篱

107 绿篱是以灌木代替围墙的手法，比砌筑围墙具有更好的绿化效果。与人的发型相似，绿篱需要使用者勤于修剪，但也具有很大的创作余地，有心者可剪出各种丰富的形态，很适合留守童叟打发时间

108 密集的灌木构成的高绿篱，内外视线互不干扰（京都鸭川）

109 菲森民宅的绿篱院墙

5.8 地面铺装

5.8.1 碎石铺装

110、111
房前屋后不在主要步行线路上的活动场地首推碎石铺装，停车、活动、晾晒功能均可满足。晴天地不扬灰，雨天脚不沾泥，也不妨碍雨水下渗，从而降低排水工程难度，减少因地下水位下降而造成的地陷等人为地质灾害

110

111

112　国家公园里的碎石路，可通行山地自行
　　　车。碎石铺装被大量运用于公园、景区
　　　甚至皇家花园内，除了上述优点，还能
　　　减少人工痕迹，不会给野生动物通过道
　　　路造成困扰，这是生态文明觉醒的体现
　　　（美国猛犸湖）

113　由于碎石场地并未进行工程固化，因此
　　　可以轻易地调整绿地与活动场地的边界

112

113

114 加硬质网格对碎石进行进一步固定的做法
（京都伏见稻荷）

115 场地的非主要交通线路，以大面积碎石铺装
（京都西本愿寺）

116 主要的人行路线则铺砌石板路，以方便正常行走以及有轮子的交通工具通过（奈良法隆寺）

5.8.2 砖石铺装

117 砖石铺装主要适用于以步行为主的场所，比水泥铺地拥有更好的趣味性与文化特色。图为民宅室内铺青砖的手法。需注意砖瓦材料孔隙较大，容易滋生青苔导致行人滑倒，室外场地露天潮湿的位置应慎用（阳朔兴坪）

118 鹅卵石铺就的步道，具有优美的肌理（龙胜白面红瑶寨）

119 石头与草地彼此渗透的村庄步道，柔化了自然与人工的界限（哈尔施塔特）

120 机动车较少通行的人员密集活动场地，可铺设透水砖或石板，底部宜铺设沙子，不宜采用水泥。有条件时可采用上大下小的倒梯形石板，利用相邻砖块之间的三角形空间作为排水缓冲区。即使被机动车长期碾压形成凹坑，只需将下凹处的地砖撬起，用沙子填平凹坑后再重新铺好即可，具体可参考园林施工图集

121 外形不规则的毛面石板铺装场地，石板之间留出一定的间隙，可容雨水下渗及长草。当草足够茂盛时，就能高出铺装面形成缓冲，让行走更为舒适。砖石铺装应考虑让雨水快速下渗，减少地表径流

122 石板与碎石混合铺装的手法，既可轻松步行，又不积水，远期改做绿地也容易（阳朔喜岳云庐）

123 欧洲大多古城的街道铺地，用的不是石板，而是将长长的石柱插入地下。历经一两百年，除高度因磨损有所下降，不会发生起翘、脱落、底部积水乱溅等问题

124 民宿较多的村庄，当道路铺设青石板时，如果宽度足够，可留出一定范围用较为平整的石材铺设，以便旅客的行李箱通行

5.8.3　沥青铺装

125 并非所有场地和道路都适合碎石以及石板铺装。比如主要供自行车行驶的绿道，就不适合采用铺砖，容易造成行驶颠簸；而碎石铺装对于普通骑行来说则阻力偏大。因此，以车辆通行为主的道路，宜采用沥青或水泥铺装，优点是平整，抓地性好，适合车轮通行。缺点是不能渗水，必须解决好排水问题。人们应根据道路的主要服务对象和排水条件选择合适的铺装材料。图为沥青路外侧的排水明沟

126、127
明暗沟结合的排水方式（京都先斗町）

125

126

127

128

129

5.9 狭窄空间的绿化——小场地，大文章

对于桂林的很多村庄来说，建筑密集、空间狭窄是不得不面对的问题。如何在"螺蛳壳里做道场"？本节列举一些日本民间对狭窄空间运用的案例，希望能对备受拥挤之扰的村民有所启示。

128　十几平方米的院里有着丰富的内容，两位园丁正在维护打理（京都东寺观智院）

129、130
　　方寸之间，也自成一片小宇宙。在枯山水中，碎石象征大海，块石与绿苔象征山脉和岛屿（东寺观智院 / 建仁寺）

131　从室内到室外历经 3 级过渡，给人以丰富的空间体验。园虽小却别有禅意（观智院）

130

131

132 静冈民宅的入户花园，面积不足 4 平方米。日本国以用地紧张著称，但其土地使用效率却很高，即使用地只有方寸大小，也营造得非常精致

133、134
　　虽然是一堵袖珍景墙，距离房子不足 1 米，高不足 1.3 米，但是墙和它两侧的植物，为建筑"穿上了披风"，使得私人空间和公共空间之间有了一个过渡区。从墙外绿化到墙，经墙内绿化，再到建筑，层次分明，大大丰富了这栋民宅的内涵（奈良十轮院町）

135、136
　　善用过渡空间，能使视线得以延续，空间感放大

137、138
　　临街建筑只需稍稍后退，便可利用让出的空间换来一片绿色，让街道与建筑之间多出一级过渡空间（奈良斑鸠町）

139、140

传统日本町屋，前院再小也要争取一点绿色。建筑基底一定要把宅基地指标用完吗？留出一点做室外空间，提升外部环境质量，才能提升房产的远期价值（奈良花园町）

141 空间稍宽裕时，即可种植一些中等体量的乔木（奈良纳院町）

142、143

袖珍前院，别有洞天。分出一块做了绿地，反而不再觉得那么拥挤。凭着人的想象，绿色后面可能曲径通幽，而墙在想象中消失了。这与我们欣赏一幅画与欣赏一堵墙的感觉不同是一个道理

144

145

5.10 景观乔木

乔木是绿化景观中最关键的元素，能柔化建筑过硬的线条，改变乡村的天际轮廓线；通过遮挡以弱化建筑的体量感；营造多样的休憩空间和光影环境，净化空气；依靠其生态效应促进建筑节能。

144、145 炎炎夏日，树下荫凉是人们最喜爱的场所之一（奈良／戈尔德）

147 大树是室外环境的点睛之笔

148 树木与建筑唇齿相依，高大的乔木才能遮挡建筑的上半部分。对于形体欠佳又偏高的乡村建筑，用巨大的树冠挡住二层以上的部分是有效的化解手段（东寺）

149 绿野、大树、小溪。能有几人见到此景不为之所动，神游回到当年那个顽童呢？（奈良飞火野）

146 树的枯荣，催生人对时间和生命的思索（建仁寺潮音庭）

148

147

149

150 树木对于大地，就像鸟儿身上的羽毛。想象一下，如果拔掉这些羽毛，眼前的村庄将是什么模样？

151　一花一世界，一叶一如来（建仁寺潮音庭）

亭午温和旦晚凉，夏初天气昼逾长。
云生雨后山如活，花落庭前草亦香。
书较儿时多解悟，诗虽老境未颓唐。
焚香瀹茗皆功课，添得闲中几许忙。

——陈作霖《夏初》

152

153

154

5.11 田园景观

152 田园景观是乡村的特有景观，对身居城市的人具有强烈的吸引力，也为乡村旅游带来商机。图为法国普罗旺斯的薰衣草田

153 田边的神龛或土地庙，能为田野增加一丝人文气息。图中神龛供奉着玛利亚

154 薰衣草田每年都会引来无数游客

155 收割后扎成堆的秸秆，上面坐着多少人童年的回忆。每年的收获季节都是城乡互动的好时机（法国鲁西永）

155

156

157

158

156 田园景观虽好，旁边少不了供人休憩的设施。无论耕作者还是外来客，都需要有个遮阳避雨的地方。只要稍具匠心，就能将一个遮阳的窝棚提升成为景观小品，人文景观与自然景观相得益彰，从而带来更多游客与商机，何乐而不为？（桂林神龙谷）

157 葡萄园景观（纳帕）

158、159
试想如果没有供人们休息的风雨桥，田园诗就只剩了汗滴禾下土，侗族大歌或许就会少几支

160 阳光下色彩浓烈的向日葵（新疆博乐）

161 荷花十里无如，一舸西湖听雨

屠苏酒熟绮筵开，人日园丁挑菜回。
有约初春玩梅柳，几经三径剪蒿莱。
草堂重葺少陵返，汐社行吟皋羽哀。
醉眼模糊看绰褉，纶音犹是旧朝来。
（每年正月初七为人日，相传女娲创世，第七日用泥土造人）

——陈作霖《己未人日》

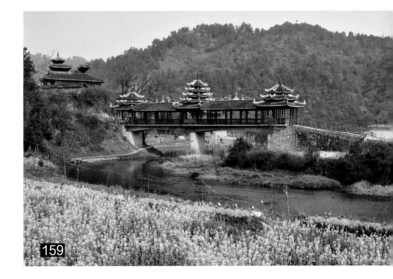

159

160

161

记得那时你我年纪都小，
　我爱谈天你爱笑。
有一回并肩坐在桃树下，
　风在林梢鸟在叫。
我们不知怎么样困觉了，
　梦里花儿落多少？

——卢前《本事》

162

162　桃林春色（供图：杨亚彬）

163　路边红透的苹果（丹巴甲居其玛卡藏寨）

164　丰收的柑橘。果园也是观光农业的重要内容。近年来到乡村体验采集蔬果的游客越来越多，野餐活动也渐渐兴起，用餐时还可观景。观光农场的果园，旁边也可考虑增设休憩设施以及野餐的场地、给排水设施及公厕等，并组织好停车（供图：雷霞）

163

5.12　非遗景观（人文活动）

165　农产品及农副产品的生产过程本身，也是非物质文化遗产（简称非遗）景观。农户们在向游人展示生产过程的同时也会获得更多商机。但人文活动的展示需要场所，作坊的营造同样应尽心，不宜太过简陋。图为灵川县漓水人家的水磨坊

164

166 腐竹生产作坊（漓水人家）

167 退休改行的葡萄榨汁机，当年曾用于榨取葡萄汁（美国纳帕）

168 垃圾桶也能展现昔日风采（美国纳帕）

169 体验传统打铁工艺的学生。当旅游项目组织得当时，非遗即可由从事生产的作坊逐渐转化为兼具教育功能的动态博物馆，这对于增进人们了解历史、充实旅游产品的历史内涵和非遗的延续都有益处

170 水车带动的米舂（漓水人家）

171

一脉支流五地分，故园二老两童亲。
满天月色忧思扰，永夜秋深草木惊。
海内风尘三子隔，天涯漂泊一身悬。
年年今日倚门望，浩叹月圆人未圆。

——孙怀章《壬寅中秋望月有感》

用绿化景观改善环境，边际成本低而边际效用高，但是对人有要求。四体不勤，造不出美好环境；还有最不可或缺的——爱美之心。少了它，有再多技术资料都没用。如能将它唤醒，本书的写作目的就算达到了。条件可以创造，困难可以克服，除了观念，剩下的一切都不是问题。一旦观念提升，农村人完全可以比城市人生活得更为舒适。

植物美化着环境，更美化人的心灵。华夏者，花夏也。如此爱美的民族，房前屋后怎可无花？

民谣中唱到："克里木参军，去到边哨，临行时种下了一颗葡萄……"村里的年轻人，外出谋生，临行前能否也种下一片花草？只需稍加料理，怒放的红花绿叶，便可聊以抚慰思念子女的孤独老人，也能为留守的孩童心中播下些许美好，让他们有尊严的成长；在外漂泊的能工巧匠们，过年回家时为年迈的父母做几个花盆，砌一排花池，播下种子，在一旁给孩子搭个秋千……只要有心，这一切都不难实现。在美好的环境中成长起来的孩子，心中会有更多温暖和憧憬。

第 6 章

传统建材的魅力
——留住乡村的质感！

在人类历史的演进过程中，曾被广泛采用的建筑材料有土、木、竹、草、砖、瓦、石、漆等。这些材料质感强烈，肌理自然，且便于就地取材，早已镌刻于人类记忆深处，不管生活在世界上任何地域的人，都对这些材料有着与生俱来的亲切感。由于城市文明演进更迭的脚步较快，乡村更多的保存了这些东西，乡村也因此而更像乡村。

人是从多个维度去感受一种材料的。用手轻拂院里的土墙，会发出怎样的声音？松脆还是坚硬？粗糙还是细腻？凉爽还是温暖？抠下一小撮闻一闻，再尝尝，有泥土的芳香么？相信这是许多人童年都有过的经历。观感、触感，听觉、嗅觉乃至味觉，共同构成了人对材料质地的感知，成为他记忆的一部分。

1　罕见的弧形木桥——迴龙风雨桥（湖南通道平坦乡）

2　改造后的传统泥胚砖房（阳朔兴坪）

3　石砌藏民居（四川丹巴）

随着科技的进步，建筑工艺和材料日新月异，乡村建设自然也紧随城市之后，人们追求新型建材的性能和耐久性，图一劳永逸而懒于维护，审美渐不自信，认为传统材料土气。但是乡村建设由于各种局限，在采用新的工艺和材料时，往往忽略设计，只顾实用，导致建筑难以融入自然环境，丢失了不少乡村本有的特色，如图4所示。

虽然钢材、混凝土等新建材在某些性能上逐渐超越了传统建筑材料，但传统材料的独特质感却是无法被取代的，尤其是作为建筑的皮肤接受近距离的观赏。乡村的气质，决定了它需要自然质感的建筑材料，去融入自然，留下岁月的痕迹。随着文明的推进以及审美眼界的拓宽，人们逐渐认识到："土"是一种态度，是一种主动的追求；"土"不仅仅是个形容词，更不是个贬义词。当今"土"的建材大量应用于高端建筑，是时候重新认识它们了。

4 乡韵缺失的村庄面貌

5 精品酒店的石头屋，弥漫着浪漫的童话气息和地域风情（普罗旺斯小镇戈尔德）

6 阳朔悦榕庄酒店的青砖黛瓦

7　拌好备用的三合土（阳朔朗梓村）

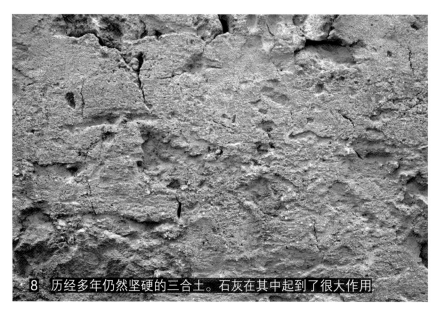

8　历经多年仍然坚硬的三合土。石灰在其中起到了很大作用

9　青砖与三合土交替，极富美感。完整的青砖外露，碎砖叠砌的外墙，则以三合土覆盖（阳朔福利）

6.1　土

6.1.1　配方泥土抹灰

本节所列举的土，主要是指建筑外墙的抹灰层。传统泥灰抹墙，具有凹凸的质感与温暖的色彩，耐得近观，越旧越美，完美地融入自然环境。配方得当时，强度和耐候性也相当可观。泥灰墙面结合攀缘植物和墙脚绿化，沧桑与新生对比之下极富感染力。三合土就是其中典范。

根据应用位置的不同，三合土配方也有所区别。用于墙面时，以黏土、稻草、石灰和细砂构成（该配方为阳朔大木作师傅管祥军先生所介绍）。其中稻草至关重要，约占总比例的50%。除了起拉结和抗裂作用，还对墙面质感和色彩有决定性影响。先将稻草切成约2寸长的草段（也有使用谷壳者），然后浸泡除碱，再捣碎成纤维，与其他三种材料拌和而成。用作墙面抹灰层，效果极好。厚度宜在10毫米之内，以减少开裂几率。该做法大大减少了黏土的用量，而稻草的获取在农村也很容易。该工艺至今仍在运用。第3章的参考户型中，模拟了这种外墙工艺。

10 掺有稻壳的三合土，拥有独特的肌理和温暖的泥土色彩，后因户主审美的变化遭到二次抹灰覆盖，刮平刷白，唯独这一片有幸重见天日。相比之下，原有的抹灰层外观更好

11 用于地面的三合土需要坚硬耐磨，与墙面抹灰层配方不同，其中不含稻草，并在地面上刻出砖缝模拟地砖，具有传统工艺的古朴风韵（阳朔朗梓覃氏宗祠）

12 法隆寺弥勒院沧桑的外墙如同斑驳的长卷画

13

传统抹灰手法很多，笔者还收集到如下几种参考做法，然只知其外观，不得制作要领。这些做法大都美观耐用，也有少数可能因配方或施工不当而发生剥落的。如何找到一套合理的配方和工艺，平衡强度、防水、防潮、保温、黏结性等各项指标；控制色彩、压制光泽，还要具有良好的经济和环保性能，都需要时间去反复测试，这本"初探"还暂时无法给出答案。有志者可在实践中与我们共同探索。

14　13、14　在泥土混合稻草的抹灰层上压纹，同样适用于室内墙面（京都建仁寺）

15 东寺的围墙，由泥、木、草、瓦组成

16

18

17 16、17 传统町屋外墙面远观及近看效果。凹凸的肌理，令人愈发感知身边世界的真实

19 18、19 法隆寺东院伽蓝土、木、石结合运用的外墙，粗糙的稻草泥抹面搭配平整的装饰线条

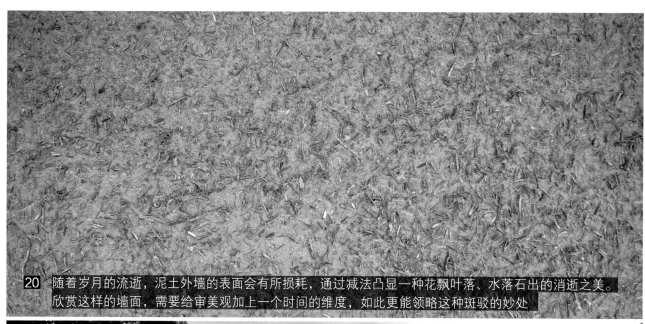

20 随着岁月的流逝，泥土外墙的表面会有所损耗，通过减法凸显一种花飘叶落、水落石出的消逝之美。欣赏这样的墙面，需要给审美观加上一个时间的维度，如此更能领略这种斑驳的妙处

21 京都三年坂路边民居的院墙，土木结合，依山就势呈阶梯状延续，富有节奏与韵律感

22 稻草与泥土传递着农耕文明的历史气息（图为院墙上半部分特写）

23、24　浙江乌镇的粉墙黛瓦，墙面并非雪白一片，抹灰层中石灰占比较高，触感偏硬

25、26　近看时，也不是一马平川。外墙表面的裂痕，成就了水彩画中的退晕效果

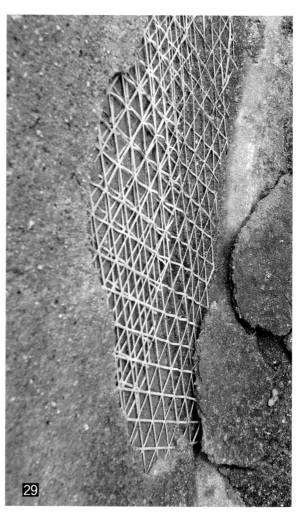

30

31

32

27、28
钢与玻璃配上泥土与稻草，现代与传统的结合与对比，更凸显了彼此的质感（四川国际标榜职业学院 LEO 教学楼）

29　在此指出几个传统抹灰需注意的问题。第一例是在日本较为少见的泥皮大块剥落现象，是因墙脚靠近地面长期为雨水浸湿所致。改良抹灰层配方的防水性，或设置 2 尺高左右的勒脚，抑或是在靠近地面的位置刷透明涂料予以保护，都能改善这个问题（京都建仁寺）

30～32
泥灰脱落的另一案例，发生于杭州。抹灰处不靠地面，顶部有屋檐挡雨，墙上还钉有篾条作为骨架，仍然发生脱落，说明存在操作问题。可以看出抹灰层对墙体的附着很差，应是配方黏度不够或者施工不当所造成。工匠们如欲探索，宜先做实验再行运用

33　此例为了保护泥胚砖而在墙面刷透明漆，不少餐饮企业室内装修采用泥土墙面时也沿用此法。保护作用达到了，但也因此产生了墙面光泽，破坏了泥土的质感。是否有更好的方法在增强防水的同时不使墙面反光，还可继续探索

33

34 砂浆与泥土抹灰的共性是都可做出强烈的凹凸感，但其质感却有所不同。砂浆更为坚硬耐久，使用水泥做胶凝材料，可通过涂料或彩色水泥调整外墙色彩，但需增加成本；而泥土与植物混合的抹灰层质感相对柔软和朴实，自带色彩无需涂料，随着岁月流逝风吹雨打，表面会有所损耗，而这种时间之美正是其看点所在，如何选择见仁见智。图为德国小镇民宅的凸面砂浆外墙，在阳光照射下产生强烈的真实感

35　凸面砂浆外墙涂上赭石颜料，色彩的微差与对比带来美感（法国小村鲁西永）

36　教堂外墙抹灰层龟裂，人们在修补裂纹后喷上不同色彩的涂料，形成了水波状的新图案。这与衣服补丁异曲同工，可以做成方块让人一眼就看出是个补疤，也可以不着痕迹地将补丁做成一朵花

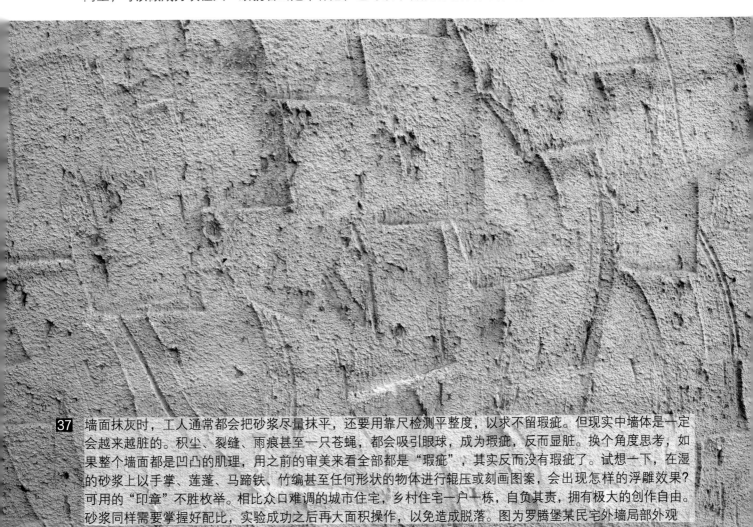

37　墙面抹灰时，工人通常都会把砂浆尽量抹平，还要用靠尺检测平整度，以求不留瑕疵。但现实中墙体是一定会越来越脏的。积尘、裂缝、雨痕甚至一只苍蝇，都会吸引眼球，成为瑕疵，反而显脏。换个角度思考，如果整个墙面都是凹凸的肌理，用之前的审美来看全部都是"瑕疵"，其实反而没有瑕疵了。试想一下，在湿的砂浆上以手掌、莲蓬、马蹄铁、竹编甚至任何形状的物体进行辊压或刻画图案，会出现怎样的浮雕效果？可用的"印章"不胜枚举。相比众口难调的城市住宅，乡村住宅一户一栋，自负其责，拥有极大的创作自由。砂浆同样需要掌握好配比，实验成功之后再大面积操作，以免造成脱落。图为罗腾堡某民宅外墙局部外观

38

39

38、39

　在民居外墙的抹灰层表面压出凹线，干透之后再刷涂料的效果

40　波浪形抹灰表面做法也适用于室内，墙上的波浪痕是用特定外形的工具压制而成（瑞士琉森）

41　毛面砂浆表面喷涂料之后的外观。砂浆上的纹理是用刷子等工具扫刮成形（萨尔茨堡）

42　白色波浪形抹灰面层。由于凹凸墙面会产生部分阴影，因此可降低墙面的整体亮度，避免墙体过亮

40

41

42

43

44

43　精品酒店客房内墙抹出的波纹形砂浆面涂暖色漆的效果（阳朔兴坪）

45　京都三年坂民居外墙，以粗砂为骨料并采用了彩色胶凝材料，形成暖色砂浆外墙

44　重庆大学 B 区校园步道的石子路，采用了树脂胶凝剂，以显露石子的天然色彩

46　奈良唐招提寺院墙粗粝的砂浆表面，在砂浆中添加了细石骨料，以放大墙面的颗粒感

45

46

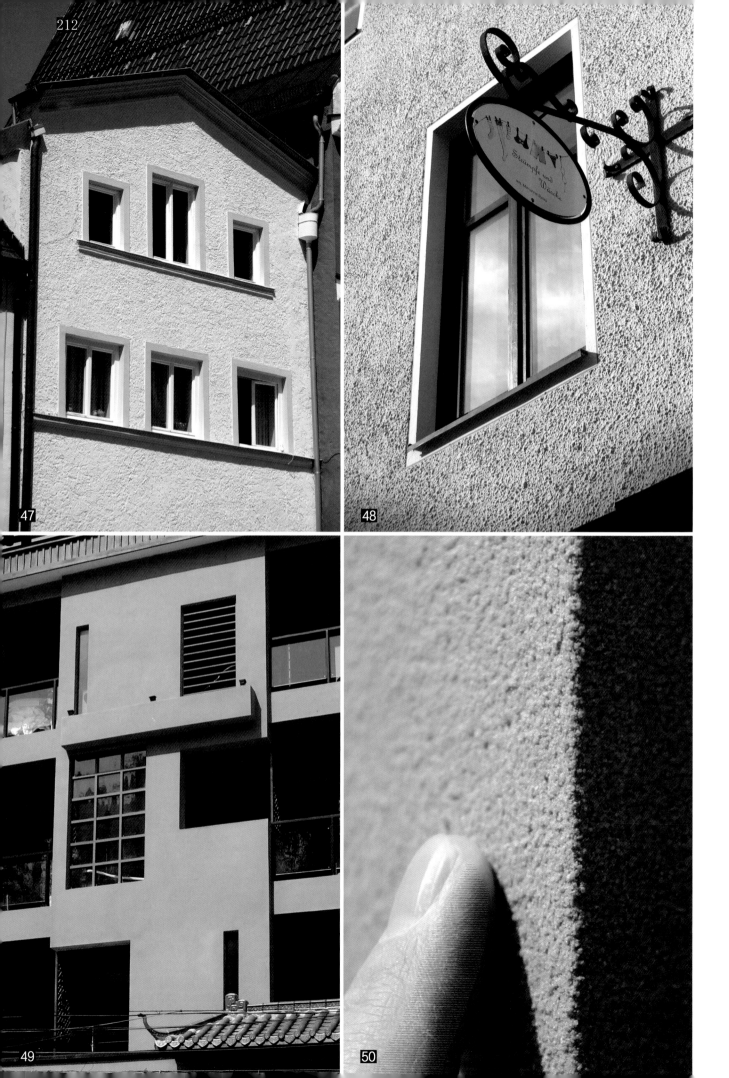

47

48

49

50

213

6.1.3　真石漆涂料

真石漆是用彩砂或石英砂做骨料的外墙涂料。防水耐碱黏结力强，不易褪色。具有与砂浆近似的硬度，同样能喷出各种凹凸的肌理。因其主要运用于外墙，故归入本节

47、48
　在欧洲民宅，真石漆的运用非常普遍

49、50
　真石漆可以做得很细腻（阳朔某客栈）

51、52
　采用大颗粒骨料时，真石漆也能做得很粗粝（班贝格民宅）

53~55
　外墙喷涂真石漆的民宅，由远及近的不同观感（罗腾堡）

56　京都建仁寺方丈前廊的木地板。不用油漆，而是使用
木油或木蜡油进行防护，更好地保持了木材温和的光
泽与触感

6.2 木

6.2.1 曾经的辉煌

　　木头的轻巧、韧性和质感，一直为世界各地的人们所钟爱。而中国的能工巧匠们运用木材的手段千年前就已登峰造极。木作为五行之一，对中国人的重要性自不待言。近年来随着我国木材资源日益稀缺，以及人们对建材耐候性要求的提高，在新型建筑中，木材的结构作用逐渐让位于钢筋混凝土，但由于人们对木头的喜爱，建设中仍会巧妙地运用木材，或者用其他材料去模仿木头的肌理和色彩。

57 棂星门斗栱出昂中的九龙木雕，仅七条龙可以张口（华山西岳庙）

58 木柱与斗栱，支撑着出挑深远的屋顶

59 金阁寺院门上的斗栱与飞椽

60 法隆寺回廊中的梭柱

木料在古建筑当中被广泛运用于梁、柱、斗栱，以及门窗、隔墙、栏杆、雕花装饰等部位。

61 重建于 1912 年的程阳风雨桥，是木构桥梁中的经典之作

62 唐招提寺鼓楼边缘饱经沧桑的木栏杆

63 木头营造的空间，朴实而温和，亲切而令人心静

64 甘孜塔公寺大殿前厅色彩艳丽的木柱与雀替

65 奈良法隆寺金堂和五重塔，建于飞鸟时代，存世 1300 多年，是世界现存木构建筑中最年长者

66 法隆寺南大门。再现盛唐之风

67 山西应县释迦木塔，建于公元 1056 年，是我国现存最高的木构建筑（供图：李兵）

68 1937 年被中国营造学社考察发现的五台山佛光寺大殿，建于唐大中十一年（公元 857 年，供图：李兵）

65

九重飞观昔凌苍，再度登临菽稷黄。
三晋云山连海岳，四郊禾稼胜山乡。
防斜终伎支枋柱，脱榫还期复栋梁。
未许鲁班称巧匠，今人技艺更高强。

——卢绳《8月29日应县再登
辽释迦塔》

66

67

68

69

70

71

72

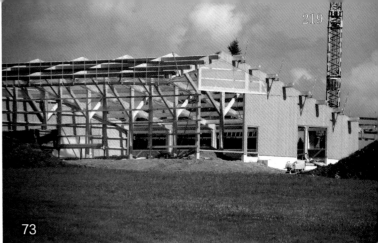

73

69　灵川县迪塘村传统民宅的木雕窗花

70　灵川县长岗岭村莫府新宅的户牖木雕

71　长岗岭村传统民宅内院中精巧的大小木作

6.2.2　木材在西方民宅中的运用

72　东方传统木作善用榫卯，西方则善用五金。美国的民宅以木构居多，图为美国太浩湖木构民宅的梁柱关系，不似中国木作中的梁穿过柱，而是截断柱子，用五金件进行锁定

73、74
西方发达国家对木材原料的预处理工艺已经很成熟，很多原料已在工厂做成半成品，施工现场再加工的负担不大，施工者有很大的回旋余地，这也为自己动手解决问题提供了更大可能

75、76
由于木材预处理到位，很好地解决了木材的防潮变形问题，高级中空玻璃门窗也采用实木框配五金件制作。图为阳台玻璃门的木门框和配套五金件，可改变开门轴向，使门由平开转换为图75所示的顶部斜开，实现防雨、防盗、通风

74

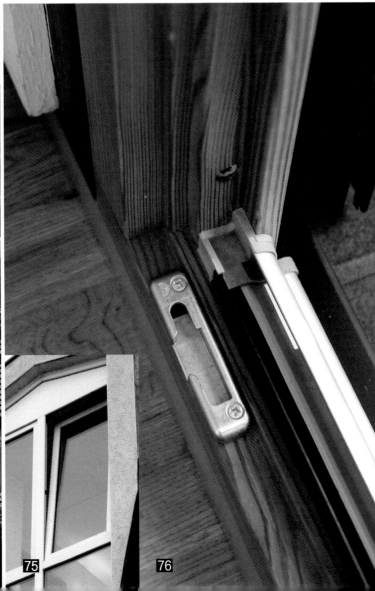

75　　　　76

木材在建筑中的运用发展还远未止步。美国马里兰大学的实验室已在2018年2月通过优化木材纳米纤维的排列使其实现完全致密化，将原生木材的强度和韧性同时提高10倍以上，拉伸强度可媲美钢材。一旦走出实验室进入研发阶段，有望制造出同时具备高强度和高韧性的"超级木头"。它比金属及复合材料更为环保节能，在某些应用领域甚至能取代金属结构（引自王煜全——《全球创新260讲》）。

6.2.3 现代建筑中木料的运用与模仿

77~81

在建筑外观当中，木材仍然大有用武之地。除了用于传统工艺营造的木构建筑，如图77、图78、图80所示，也大量运用于混凝土结构的仿古建筑，只是梁枋等构件已基本不承担结构功能，转而作为装饰构件以体现木、瓦艺术之美，如图79、图81所示

82、83

也有人创新地使用钢材模仿穿榫的木梁柱，在极致的传统营造之中注入现代的血液，却不失木结构之美。钢与木，冷峻与温和，在这里被自然地统一起来（成都闲亭）

84

84~86 除了在仿木构件上画出纹理，还做出了木纹的立体感且保持多年，是运用该手法的成功典范（阳朔河畔酒店）

85

86

采用涂料在水泥砂浆上画出木纹，又是一种常见的仿木手法。但要求施工者有一定的美术功底，尤其在人可触及之处需谨慎，手法不当就会跟画砖一样不耐近看。基层需要做好处理，否则涂料脱落"露馅"，效果适得其反，如图87。上述各种模仿木材的手段，也反映出人对于木材难以割舍的感情。

87、88
四川某商业地产用涂料效仿木材，色彩上是成功的，但仅限于平面绘制，没有立体感，而失败之处在于施工环节操作失当，还未开业就出现漆皮翻起脱落现象

89、90
重庆洪崖洞也是用立体砂浆面模仿木材运行多年的成功典范

91、92
刨花板是由多层刨花压制而成，生产过程也会用到胶水。当职能部门对生产环节的环保监管足够到位，人们就会放心地使用板材。在德克萨斯州的达拉斯，一所尚未完工的商品房当中，刨花板和原木板均有采用。而刨花板在这里被用于梁和楼板等关键受力构件。

87

88

89

90

93 免漆板被广泛应用于家庭装修，面板坚硬耐划，无需上漆，芯材由小块实木拼接而成。裁切面须以塑料封边条覆盖保护

94 历经多年风化"做减法"的实木门，越旧越美

由于原木材料的日渐稀缺，价格上扬，刨花板、夹芯贴面板等原木替代品应运而生。其优点是相对廉价，加工方便，通过提高木材边角料利用率，减少了森林消耗；缺陷是审美寿命较短，一旦表皮受损、翻卷露陷，就会顿显破旧。如遇劣质板材，还会带来长期的空气污染，且破损快，拆除后几乎无法再利用，只能沦为柴薪。

板材加工便利性提高，降低了对木匠的素质要求。快餐化装配使装修更新周期逐渐缩短，四邻八舍不断有人施工，污染频繁更新，人们长期不得安宁。频繁更新累积浪费的森林比实木更甚。相比之下，实木如果制作维护得当，寿命可达百年甚至千年，破损风化之后所具有的沧桑之美，是板材不可比拟的。因此，环保与否，材料只是起点，舵在人的手中，最终驶向何方，人的行为才是关键。如何在材料用途、性能、价格、工艺之间寻找平衡点，需要认真考量。不论采用何种材料，都应善待，尽量延长其使用寿命。所谓谋定而后动，设计环节不投入足够的精力思考，后期造成的浪费最为巨大。

91

92

93

94

95

96

6.3 竹

竹为"岁寒三友"之一，比其他建材又多了一层精神意义。人们以"节比松筠"象征君子之道。竹子生长迅速，取材容易，被广泛运用于景观构筑物以及景观小品当中。

95 竹子常常被用于室内装饰，带给人们清新自然的感受

96、97 花园围栏。搭接处不用钉子而用绳子捆扎，即可避免破裂，又有独特的构造形态（京都龙安寺）

98 密集排列成为屏风和院墙，顶端还可排成错落的曲线，室内外均可运用（四川大邑）

99 同样的密集排列，还可当成"皮肤"用于吊顶和墙面，展示竹子特有的节奏感（阳朔竹窗溪语酒店）

97

98

99

6.4 草

　　草的外观质朴自然，保温良好，但耐火性能差。乡村民宅可考虑在一些构筑物和小品上采用。稻草还可用作三合土的主要成分，其质感和色彩仍大有用处。

100、101
　　用竹、木、草搭建的公厕，外观自然大方，但对使用者防火意识有一定的要求

102　与瓦的演变一样，草的防水功能也已让位于现代防水材料，只继续贡献外观。日本静冈县的乡村民宅，将厚达一尺的稻草扎紧后覆盖于金属屋面上，提供了优异的隔热性能与童话般的视觉效果，既保留了传统建筑的古朴外观，又能享受室内先进的现代生活

103～105
　　为了克服草料易燃的缺陷，金属草应运而生。用铝合金等金属材料剪成长条模拟草茎外形。近年来在景观建筑中逐渐流行，远看与真草近似而近观略逊，防火但不保温，旧了之后如何维护与替换也有待时间检验（桂林神龙谷）

6.5 砖

砖的历史非常久远，是以泥土为原料经高温烧制而成的建筑材料。在桂林传统民居当中，主要采用的有青砖、红砖、泥胚砖等。

106 青砖是桂林地区的传统民居广泛使用的建筑材料，质感细腻。因烧制工艺复杂，成本较高而产量较少。传统青砖与现代砖规格有所不同，建筑墙厚一般在36~40厘米之间

107 泥胚砖用黏土夯制而成，具有非常独特的乡土质感，是桂林传统三大空民宅常用的建材，因各种条件限制已不可再生产。现有的泥胚砖房，废弃垮塌的宜收集旧砖以备重新利用，尚完好的可参照第3章B户型的布局与功能，再经有针对性的结构设计改造成更为合理好用的、真正的二层建筑，以延续这一宝贵的地方特色

108 页岩、煤矸石和粉煤灰多孔砖是国家主推的砌体材料，目的是取代实心黏土砖以保护耕地、减少建筑自重以及提升保温性能。乡村建设应尽早采用多孔砖

6.5.1　各种清水墙砖艺

109　成都兰桂坊的砖雕小品

110　四川国际标榜职业学院图书馆的清水砖墙

111　青城山上古寺的圆形砖柱

112　重庆大学公共建筑清水砖墙

113　精品酒店泥胚砖房内墙刷白漆的立体效果

ENGINEERING IV

114 所谓清水墙就是不抹灰的砖墙，直接以砖作为外墙的皮肤。本页展示的是加州大学洛杉矶分校（UCLA）的清水墙工艺。在同一面墙上，规格、色彩与方向各异的砖块组合成一幅和谐的背景图案，诠释着工程学院的内涵

115 工艺上乘、质地均匀的砖块

116 清水砖墙应砌筑平整，灰缝平直，外表整洁，勾缝考究

117 通过将部分砖块外凸砌筑形成的装饰线条

118 巴洛克风格回廊的砖石拱券（南加州大学）

119 整个校区的建筑都统一在暖色调和砖、石两种材质之下，和而不同。图为世界艺术与文化系的
清水砖墙外观，请注意绿化在其中的作用，学校真正的大背景是绿色

120 福勒文化历史博物馆造型简洁，而墙面肌理却有着丰富的变化，简洁而不简单（加州大学洛杉矶分校）

6.5.2 新型清水墙砖

　　清水墙砖是近几年出现的新型材料，它是采用细石为骨料，用水泥作为粘合剂免烧结静压制成。抗压强度 M15，吸水率 10%，相对含水率 15%，外观平整度好，无需抹灰，不同批次的原料有自然色差。采用白色勾缝，与青砖墙极为相似，但成本显著低于青砖，仅略高于红砖，适用于砌筑清水砖墙，是烧结实心砖的理想替代品。

121~124
新型清水墙砖生产线

125　清水砖墙局部

126　正在砌筑中的清水砖墙，外部用白色填缝剂勾缝

121

122

123

124

125

127　图中可看出灰缝与白缝的效果差异，勾白缝的位置更为醒目，但二者没有对错之分，如何选择应根据建筑设计的表现主题确定

128　传统青砖的自然色差，是众多仿青砖建材所要追求的目标

129　清水砖的色差效果与青砖极为接近

130、131
　　用于制造清水墙砖的细石骨料

132　不同配方与批次的成品断面

133　成品清水墙砖

134　清水砖与红砖对碰测试，前者硬度明
　　显大于后者

135、136
　　烧结实心砖与清水墙砖外观对比

6.5.3　仿古贴面砖

137　仿古贴面砖大多模仿青砖，质感近似，是模仿清水砖
　　墙的理想贴面材料（须注意不宜采用釉面砖）

138、139
　　直片面砖的不足在于阳角拼接处容易露馅

140、141
　　拐角面砖可弥补阳角露缝的缺陷（阳朔兴坪）

142　民居在改造工程中因资金所限，仅为正面外墙贴上了仿真面
　　　砖，使原本不满足清水墙工艺的侧面外墙相形见绌，但也因
　　　此暴露了自己是面砖而不是真砖

　　由桂林电子科技大学数字建造与 BIM 应用技术研究所
研发的一系列节能环保免烧结高仿古饰面青砖以及连体小青
瓦，已经在阳朔白沙、旧县等地的古建筑保护中成功应用。

143　青石基墙饰面

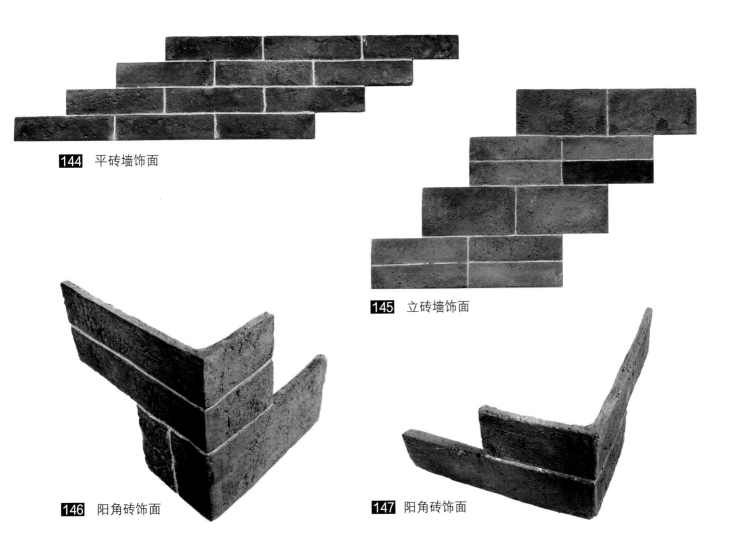

144　平砖墙饰面

145　立砖墙饰面

146　阳角砖饰面

147　阳角砖饰面

148

6.6　瓦

6.6.1　传统小青瓦之美

桂林传统民居屋面历来都采用价廉物美、质朴无华的小青瓦，能够恰当地调和自然与人工环境，如图 148 所示。但也有其缺陷：密封性不好，且自重小，容易被风或动物挪动导致漏雨，需常年维护。随着建筑工艺的进步，现代建筑屋面的防雨功能逐渐让位于防水层，而小青瓦逐渐转变为装饰材料。

149

150

151

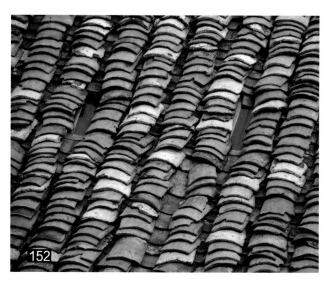

152

149、150
　　小青瓦提供了建筑屋面的基本纹理，而"宝盖"这出戏，还需要由坡度、屋脊、瓦当、滴水、封檐板以及承托屋檐的木构件等元素共同演绎才够精彩

151　对于小青瓦的记忆，已经融入中国人的血液，图为宽窄巷子的小品，与真实小青瓦并列的，是外形、色彩相同但替换了材质的活动钢钉，供人们游戏

152　传统小青瓦因制作工艺良莠不齐，铺作时也没有连接件将其固定于屋架之上，所以被外力扰动后容易漏雨漏风，需定期维护。现代工艺常采用砂浆卧瓦加以固定

153　桂林电科大数字建造与 BIM 应用技术研究所研发的高仿古连体小青瓦，可大幅增加瓦面的稳定性，降低维护难度（供图：孙宝燕）

154 ~ 156
　　连体陶瓦

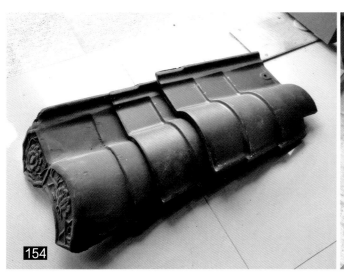

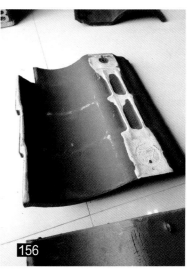

屋顶是建筑的"发型"，对建筑的相貌影响巨大。如果将屋顶影响建筑外观的几个关键元素，按其重要性进行排序，本书认为依次是：造型——色彩——质感。首先是坡屋面与屋脊造型，勾勒出山丘般的天际轮廓线，盖住屋顶杂乱的设备与构件，并形成足够的色彩面积；然后通过瓦的色彩调和，使建筑在自然环境中"软着陆"，同时凸显不同地域和民族的特色；最后通过肌理和质感，提升人的近观感受。作为"皮肤"的屋面材料，小青瓦并非乡村民居的唯一选择，只要相邻的屋面色彩能够统一在具有微差的灰色调之下，水泥板瓦、塑料瓦、金属屋面（高彩度不可）等其他灰色调屋面也可适当运用。

157 哈尔施塔特层峦叠嶂的坡屋顶，由陶瓦、木瓦、钢板、铜板等各类材质汇集而成，但都和谐地统一在青灰色调之内。想象一下，如果把这些房子都换成平屋顶，上面搭着许多水箱和蓝色的彩钢顶棚，会是什么效果？

158　京都龙安寺休息亭的木瓦

159　哈尔施塔特民宅的木瓦

160　奈良民宅精致的陶瓦和雨水槽

161　奈良民宅的陶瓦

6.6.2　其他解决方案

162　一所民宅的屋顶同时采用了陶瓦与压型钢板，但统一在棕灰色调下，仅肌理不同，依旧和谐

163

164

165

163～165

金属屋面也是一种解决方案。图为奥地利村庄哈尔施塔特的一些民居采用的金属屋顶。但其色彩选择并非随心所欲，而是要与整个村庄的屋面色系相适应。这里没有一家人使用其他城市流行的橘红色屋顶，因为建筑的外观不仅仅属于个人。在这里，每位村民对守望当地的文化特色、维持村庄的整体观瞻都怀有一份责任感

166　桂林乡村中常用的高彩度红、蓝色顶棚，与桂林的山水人文特色不和谐，如确需采用金属屋面，可购买深灰色产品

167、168

塑料仿古瓦也有不错的远观效果，可运用于临时建筑及辅助用房。因其过于轻薄，近观效果不佳，主要建筑不宜采用

169　水泥瓦、陶瓦相比小青瓦，拥有更高的强度，有的还配有防风挂钩，更为稳定，甚至可以依靠通风夹层形成"凉爽屋面"，节约空调用电，但是价格高于小青瓦。水泥瓦的尺寸和肌理虽与小青瓦不同，但质感与色彩近似，可作为小青瓦代用品，同样不应采用高饱和度色彩。釉面陶瓦的闪亮光泽与桂林山水的自然环境不和谐，不宜采用

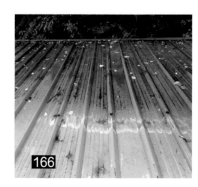

166

170　灰色陶板瓦运用于中式建筑的屋顶，依然可以和谐地融入桂林的山水环境（兴坪三千漓）

171

172

173

6.6.3　小青瓦的其他妙用

171　砌筑景观围墙窗洞上的镂空图案

172　将叠瓦独特的肌理运用于内墙饰面，配合鱼儿产生了水波般的动感，如果按图151的方式铺贴，甚至可以产生空间折叠的感觉

173　不用墙体作外框，直接将瓦叠砌于砖石围墙之上，既符合人的视线高度，具有一定通透性，便于墙内外相互借景，又可随意调整墙顶的弧线及造型，但对治安条件有一定要求（南宁青瓦房）

174　除了运用于屋面，民宅正脊中间和两端的各种花饰造型都可用瓦叠砌，由于屋脊直接勾勒出建筑的天际轮廓线，其造型对建筑外观极其重要

175　叠瓦可用作地面铺装，但不建议用于露天场地，如图所示，长期潮湿容易导致砖、瓦滋生青苔，不利于步行安全

176　用作树池外框。但需将瓦间空隙填实，形成整体，以免轻易被外力损坏

177　运用瓦的弧线拼成树叶图案与其他材料搭配造景，虚实相生（四川美院）

174

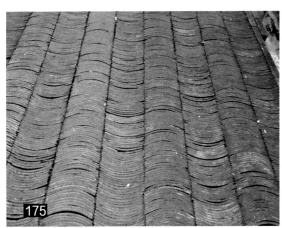

175

176

177

178

179

6.7 石

石头作为建筑材料的历史几乎与人类文明史同样久远。从古埃及金字塔到希腊帕特农神庙，经典层出不穷。自从古罗马发明了原始混凝土，西方文明将石头的性能发挥到极致，留下大量历史遗存，从千年前的万神庙、斗兽场，到文艺复兴以来灿若群星的大教堂、市政厅和校园建筑。在东方也有吴哥神庙群等石砌文明遗迹。而石砌的民居，至今仍在世界各地为不少民族所钟爱。

178、179
法国普罗旺斯地区的小镇戈尔德，民宅多以当地出产的石料砌筑而成，古朴的石房子与生机勃勃的花草相映成趣

180　斯坦福大学休谟写作和口语中心回廊中的石拱券

181

181 阳朔葡萄古石城的石砌民宅，风格自成一派。虽已废弃，雄风犹存

182、183
甘孜州嘉绒藏区的人民，世代生活在石屋中。厚达两尺的石墙具有良好的保温性能；建筑由下至上逐渐内收，外轮廓略呈梯形，沉稳雄健

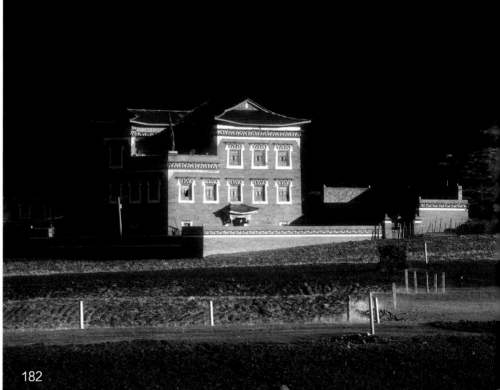

182

和木材一样，石头也是自然生成的。人类往往用"减法"对其进行切、磋、琢、磨，取出其中一部分为己所用；混凝土是机器制造的，人类是用"加法"塑造着自己想要的形体。不知是否因为这点不同，自然的材料越旧越显古朴沧桑；而机器制造出的材料，往往随着时间的流逝而渐失魅力。工业化的产品与天赐之物毕竟有所差别，即使技术在不断发展，有些气质，却始终难以企及，这也是传统建材"天生丽质"的一种表现。

183

184

185

186

6.7.1　石料在传统民居中的运用

　　近代传统民居，石头虽已不是其中的绝对主力，但仍是主角之一。或借着茵茵绿苔，或借着水滴石穿，诉说着流金岁月，彰显着真实二字。

　　桂林的喀斯特石灰岩提供了大量青石原料。在桂林传统民居当中，石料主要是作为墙基、门枕石、门窗过梁、柱础、台阶等建筑构件，厚重而朴实。在现代民宅中仍有用武之地，尤其在室外景观的营造中。

187

188

189

184　灵川县长岗岭民宅的门枕石，现代乡村民宅仍可予以继承

185　阳朔龙潭村传统民宅的石墙基

186　石柱础总是与木柱成对出现，它抬高木柱以防潮，从而减少虫蛀腐坏，并具有很好的装饰性，在景观构筑物中很适合采用

187　祠堂的石门框。在没有混凝土的时代，人们用石头和木料做过梁，现逐渐被混凝土所取代（灵川县长岗岭）

188　阳朔朗梓村传统民居的石窗框及石过梁

189　石台阶也是现代民宅可继续采用的传统做法

190、191
法隆寺弥勒院的石头墙基使墙体更显沉稳，并起到墙体防潮的作用

192　长岗岭卫守副府的青石天井。建筑基座的边缘一般用石材砌筑

193　川西许多民宅庭院都有红砂岩或青石水缸，内置各种有趣的水景，是很好的景观小品

194　红砂岩质感温和，斑驳的青苔使风化后的表面带有悠悠的沧桑感（青城山天师洞）

6.7.2 石料的新用法

195～197

罗中立美术馆。外墙上绚丽的图案，是由川美到各个工厂去收购的残次品瓷砖打碎拼贴而成。在多名师生的共同努力下，废旧的碎瓷砖被拼成了经典。由于这种非常规的用料手法，节约了大量建设费用（艺术创作的价值无法计算）。这个用残次品攒成的神奇美术馆，成了川美校区头号景点，每天来此留影的人络绎不绝

198 一个葫芦长太大，没法当水瓢用，因此人们认为它是废物，可庄子却说把它放在水里能当救生圈，葫芦因此被重新赋予了价值。庄子的思想对后世的美学影响很大。"天生我材必有用"，是废是宝，要看在谁手里。艺术家深谙此道，经他们稍加改造，腐朽也能立刻化为神奇。只要试着换个角度欣赏身边的人和事物，有心人均可变废为宝，人生也会因此而更加包容

199、200

乍看之下，这里就是一些旧石碾子、旧石磨、陶缸、条石和砖瓦，似乎都是些废旧无用的老家什。可是按照某种手法一组合，就能变成故事墙，变成校门，变成具有魔幻色彩的露天博物馆。善用它们，怀着一颗童心，换个视角看世界，你会发现很多平时被自己忽略的美

99

201

202

203

204

201　宾馆内墙铺贴的石材
　　装饰（瑞士琉森）

202、203
　　毛石墙具有丰富的可
　　读性和浓郁的乡土韵
　　味。同一板石墙的内
　　外两面，既可以显得
　　冷峻，也可以令人感
　　到温暖（喜岳云庐）

204　厚约半米的鹅卵石景
　　墙尽显曲线之美。石
　　砌墙体很适合用做挡
　　土墙，其自然的肌理
　　和色彩是水泥所不具
　　备的

205、206
　　美国太浩湖民宅，采
　　用在底层墙体外侧铺
　　贴鹅卵石的手法，为
　　森林小屋平添了几分
　　童话色彩

207　木作业工地中，浸润
　　过生桐油，尚未涂刷
　　熟桐油的木柱

205

206

6.8　漆

　　在此主要介绍桐油和木蜡油。桐油在传统工艺中主要是对木料进行防腐防虫处理，有生熟之分，生桐油趁热涂刷可迅速浸润到木材内部，防虫效果极佳，但干燥很慢，约需 2~3 周甚至更久才能干透，往往需要加入托生（阳朔本地叫法，为一种矿石）等固化剂才能加速干燥，处理得当可保木材使用百年以上。如果只涂刷生桐油，木料日久会因沾灰而逐渐变得灰暗，故还需在外部再涂刷熟桐油保护。熟桐油是用生桐油加高锰酸钾及其他辅料经熬煮而成，近似清漆，具有较好的光泽度，其干燥时间可缩至 1~3 天，作用类似面漆，可防水。传统熬制工艺缺少量化管理和数据记录，仅凭师徒口口相传，很多经验随时间流逝而逐渐失传。桐油在现代木作中仍占有一席之地，当下也有厂商量产成品熟桐油，免去了熬制之难。但成品桐油与传统桐油工艺之高下尚不可定论，毕竟传统工艺有历经百年的古建筑为其做见证（以上工艺由管祥军先生口述提供）。

　　熟桐油和油漆虽然能使木材表面光亮如新，但其光泽与过厚的漆膜也容易遮蔽、填塞木材的纹理，使木头看起来像塑料。哑光木蜡油能够避免这一点，其浸润作用能够凸显木材表面的凹凸细节，还木料以本来的质感。木蜡油的作用近似面漆，主要用于防水，但不防虫。其优点是凸显木材质感，便于自己施工，缺点是不够耐久，用于室外的木构件需要每年涂刷养护。人们可以使用白蚁防治药液对木材进行防虫处理后，再用木蜡油涂刷木材表面以防水。无论采用桐油、油漆还是木蜡油，每种方案各有优缺点。

207

208　大木作匠师管祥军先生

209　木之魂

　　传统建材伴随人类走过了漫长的岁月，在我们的文化基因里打下深深的烙印，不可磨灭。虽然一度因为生活方式变迁和新材料的出现而与传统建筑一起受到冷落，但随着现代审美的发展，人们开创了许多让传统建材运用于现代建筑的方法，重新为传统建材找到了位置，它们在建筑中所担负的功能，逐渐从"骨骼"转为"皮肤"。无论技术如何发展，传统建材的独特质感之美始终无可替代，人们应该尽量在乡村建设中使用它们，用活它们。

第7章

如何对待老房子

——不温故何以知新？

无补时艰枉读书，硁硁道器亦何迂。
岂真梓匠非君子？未必陶舆不丈夫。
沟恤千年终世用，栋宇九尺足人居。
考工创物吾侪事，肯惜衣冠做腐儒。

——卢绳《赠罗哲文》（1943 年夏）
引自《卢绳与中国古建筑研究》

7.1　如何看待古建筑

何谓"新旧"？

喜新厌旧是人之常情，人们往往对新旧事物赋予褒贬。新生事物代表先进、美好，有生命力，而旧事物往往被贴上落后、丑陋、僵化的标签。

然而细想来，新旧二词只能对比事物诞生时间的不同，无法论褒贬。文字是旧的，语言是旧的，文化传统也是旧的。很多旧事物比新的耐看、耐用，更有内涵，旧的不浮躁，越久的陈酿越醇香。我们到远方旅行，想看的也大多都是"旧"东西。从出生那一刻起，我们就与身边的事物一同慢慢变"旧"，但很少有人认为自己是应该被淘汰的旧事物。

一株植物，是从地下长出来的。如果没有地下的根，地上的枝干就会倾覆。植物如此，人如此，文化也如此。常言道"苟日新，日日新，又日新"，那是指我们应有积极的人生态度，而非待物之道。

看待新旧事物，应该用历史的眼光，在更大的空间和时间跨度上去解读，不应一味地否定和抛弃旧事物。

桃符新雯一年迟，羽檄军书共曩时；
西极流民怀故国，中原父老望王师。
一成兴夏由来事，三户亡秦未足奇；
会见楼船东出峡，收京指日预为期。
间关万里此栖迟，志学尼山忆旧时；
李镇烟霞亲益友，程门风雪近贤师。
法循体用兼名物，道取中庸摒异奇；
坚信持恒倘可必，移山填海定能期。

——卢绳《呈梁、刘二师》

(1943 年元旦)

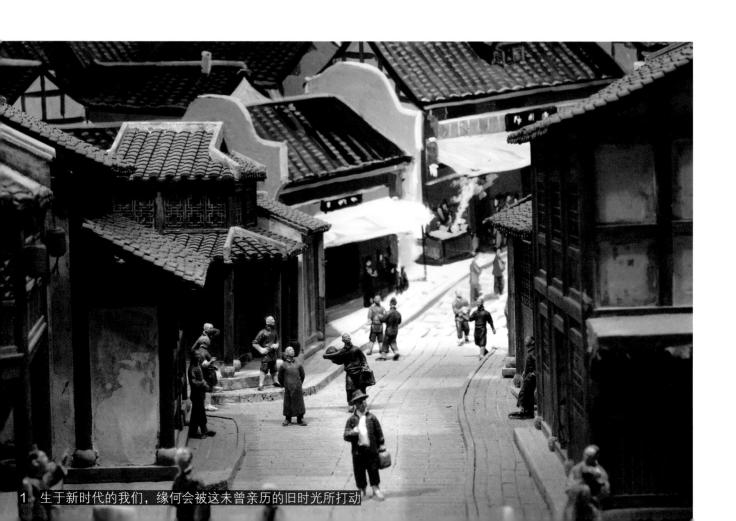

1　生于新时代的我们，缘何会被这未曾亲历的旧时光所打动

何谓继承？

一个人如果消失，还有人谈论他的事迹和作品，那么他还"活着"，活在人们记忆里。等到连他的故事都无人记得，此人就等于彻底消亡，如同从未在世间存在过。

古建筑也是如此，倾注了先人心血的建筑是有生命的。它不只是一个居住工具，还是凝固的音乐，是记录历史事件的相册，见证了人们的悲欢离合。人们在继承古建筑的时候，不光要继承它的"器"（就是这个实体），还应该继承它的"道"（也就是精、气、神），以及它所承载的故事。随着建筑的老旧，使用功能逐渐减退，

2　故事，用最朴素的方式传承着一个家族乃至民族的精神

没有"道"的支撑，人们会缺乏维护它的文化动力。古建筑在人们的逐渐遗忘中进入"终极死亡"，将来即使有人想复原，如果没有任何文献见证历史，建出来的也是无本之木，无源之水，仅一形体而已。

记住曾经发生的故事，保住建筑的"精、气、神"，即使建筑实体消亡，只要"道"还存于人心，"器"的再造并非难事。

3　距离产生美——除了空间，还指时间

中国古建筑历来不追求实体的永恒，翻修重建是常事。千年来一直以中国为师的日本，几乎成了中国唐宋时期的"博物馆"。在古城京都和奈良，很多古建筑已历经十几次甚至几十次翻修更替，奈良药师寺千年古塔还进行解体重建。但有一点始终不变，他们都是在原址重建，保留原有功能，采用原有工艺，如同父而子，子而孙，代代相传，相貌虽略有改变，但血脉魂魄得以绵延。反思作为发源地的我们，为什么文化遗迹难以保留，其原因发人深省。

4　从玄奘三藏院伽蓝遥望药师寺东塔，远处的坡顶大盒子就是完全封闭的拆解工地。按照计划，东塔将在拆解后按原样重构，除了更换朽坏的构件，其余千年构件仍归原位。这也从另一个方面体现出原木材料便于再利用，以及耐看的优势

5　正在进行公示的东塔解体修理事前调查报告。守护历史与文化少不了扎实的基础调研工作

二層 裳階 腰組 東北隅 東面
手先肘木の組手部分に裂損が生じ、また、方斗の敷面と手先下端に隙間が生じている。

写真で見る 東塔解体修理 事前調査報告

卷斗　折損

二層 裳階 腰組 南面
手先肘木の垂下により巻斗の斗尻に隙間が生じ、また、合側面部分に折損が生じている。

6　奈良药师寺东塔，建于公元730年，距今1300年，是日本现存第三古老的佛塔（本图引自奈良药师寺印制的《法相宗大本山》画册）

新秋违母膝，八月下南溪。
山川千里越，风雨半年栖。
鹿洞亲师友，桃源远鼓鼙。
晨曦缃卷启，落日绛帏低。
方园明栋袄，曲直辨枅枘。
欲以昌新学，宁惟事古稽。
池草成诗句，河桥觅画题。
霜林闻伐斧，绿野动耕犁。
荣枯终不问，物我自能齐。
闻鹤翔云岭，飞鸿踏雪泥。
空梁惊鼠闹，密树出乌啼。
耿耿星犹北，迟迟月向西。
祇愁残岁尽，未觉一身羁。
也识两京客，争攀百尺梯。
碌碌终何似，九衢乱马蹄。

——卢绳《溪庄辞岁》
（1942 年冬写于四川南溪
中国营造学社）

怎样看待古建筑：

温故方可知新。时间是个奇妙的东西，凡文学艺术中经典之作，其引人入胜之处鲜有与时间不相关的。人是一种时间动物，离不开回忆。古建筑见证了人们的成长，如果轻易抛弃它，就如同丢掉了自己的记忆，人们难以再通过那些熟悉的场景唤醒珍贵的回忆。老房子承载了几辈人的故事，它是我们的老影集，几代人的时空坐标。没有了它，谁记录、谁见证——我们曾经存在过？

珍视古建筑，保护好它们，做传统文化的守望者，是正确的做法。即使是从功利的角度来看，传统村落也可开发文化旅游、民俗观光产业，好好维护经营，还能为村民们带来收益。

7

7、8
人生如白驹过隙。多年后当我们重回故地，人是物非，脑中重构儿时熟悉的场景时，是何滋味？

8

7.2 传统民居保护现状及其原因分析

7.2.1 保护现状

多年来，桂林各届政府及有识之士，对保护传统建筑的努力从未中断。桂林市规划设计研究院多年来坚持对古建筑的测绘与研究，先后出版《桂北民间建筑》和《桂林传统村落勘录》。广西壮族自治区亦有专项专款对重点文物进行修缮（如阳朔朗梓村古建筑群）。2017年，桂林电科大数字建造与BIM应用技术研究所与桂林市综合设计院展开合作，运用无人机及三维扫描仪等高科技设备，对20个传统村落进行了抢救性测绘……上述种种努力，成绩斐然，精神可嘉，应该肯定和发扬。

但古建保护的现状仍不容乐观。对比其他历史悠久的地区，桂林历史遗存太少，各类保护规划常常"无米下锅"。即使故事还在，记录故事的"相册"已毁，甚至土地也改作他用。没有了载体，故事也就只能见之于纸上，逐渐淡出人们的视线。在农村建设大潮的冲击下，大量古民居正在逐渐消亡中，颓垣断壁比比皆是，拆旧建新如火如荼。不少老屋即使苟得残存，也是因户主建新房的财力不济，一旦资金到位，仍难免覆灭之运。

9 工匠们在阳朔朗梓村覃氏宗祠进行维修作业

10 桂林市城市规划设计研究院民居调研组在测绘古建筑

11 桂林市综合设计院与桂林电子科技大学的工作人员正在用无人机和激光扫描仪对灵川迪塘村的古建筑进行测绘

12　阳朔朗梓村覃氏宗祠一带航拍图。由于实施了专项保护工程，祠堂主体部分保留完好

13　乡村传统民居日渐式微（阳朔龙潭村航拍图）

14　破壁

15　颓垣

16　灵川雄村老建筑崩塌的屋顶

山海难寻废垒，沧桑总笑顽夫。
崇阶大厦变新居，"提督"当年之府。
帝反楼台错落，官商墅径萦纡。
漫因旧迹梦华胥，往事伤心莫诉。

——卢绳《西江月》
（1976 年 8 月 17 日晨间散步，
过旧"提督府"）

17　朽烂的抱头梁（福利老街）

18　长期无人居住的老宅，原本精致的木门破损后
得到的修复聊胜于无（阳朔福利老街）

19　朗梓村传统民宅堂屋中被白蚁蛀坏的柱子

20　被白蚁严重损坏的传统民宅檩条

7.2.2　古建筑保护不力原因分析

1. 生产生活方式转变

随着人口增多以及大家庭制逐渐瓦解，分家居住渐成主流。桂林乡村人多地少，人均用地指标偏低，经典的传统建筑因为容积率低，第二层又大多没有得以有效利用，不能提供足够的使用面积，因此逐渐被层数更多的建筑取代。城镇化导致的劳动力流失也是疏于维护的原因之一。

2. 技术进步以及传统建筑的功能缺陷

现代建筑材料和工艺迅猛发展，混凝土被广泛采用，深刻改变了建筑的内部构造和外形。加之传统建筑本身存在一些功能缺陷，如二层利用率低，室内因常年烟熏而阴暗、潮湿，如厕不便等问题，也导致了有些村民不愿采用。

21　传统三大空民居看似两层，实际能住人的往往只有一层，不能满足人口较多的家庭对居住面积的需求

22　常年受到烟熏又缺少养护的民宅，木构件已经近于炭黑色，入射光线大多被墙壁吸收而导致室内光线较暗

23、24
传统三大空民宅的楼梯很陡，二层一般只用于堆放杂物，很少住人。本书第 3 章的 B 户型对这种民宅进行了改良。现存的三大空民宅如果经过专项设计，也大都具备改造提升的条件

25

26

北出瀛洲路尚宽，春晨雨后气犹寒。
几村赤帜飘田垄，一点红星上刹盘。
南署已随尘劫坏，东风今使泪痕干。
此间榱桷关兴废，莫做寻常老屋看。

——卢绳《河间诗经村测绘
冯国璋宅》（1959 年夏）

25　恭城县朗山村古民居的木雕窗棂，在木构件
　　外表批膏灰，并在膏灰上雕刻、绘制了精美
　　的图案，但破损之处一直没有得到修补

26　灵川县长岗岭村传统民居窗棂上精美的木雕
　　装饰

27　云南腾冲和顺乡维护良好的弯楼子民居

28　和顺寸氏民居旅馆内历经几十年仍保存完好
　　的楸木雕花门窗

29　和顺刘家大院。和顺乡大多民居均很好地保
　　留了原有格局和气质。历史的机缘巧合，使
　　得这些房子在 20 世纪 50 年代没有易主，而
　　是由子嗣继承。百年老建筑的不同命运耐人
　　寻味

3. 经济原因

　　精品古民居也是经济、文化发展到一定
高度之后的产物。当人们生活富足以后，就
会开始对"礼"的追求，其中有各种形式之美，
因此大量留存下来的传统建筑都有着精致的
构件。而要维护好他们，对于建新房尚且吃
力的大多乡村居民来说，无疑是一笔不小的
经济负担。所以只能听任老建筑继续颓败。
令人喟叹的是，没钱建新房成了很多古建筑
侥幸得以保留的原因。

4. 政策原因

现行政策对交易的限制，也制约了外部力量对传统建筑的保护和利用。土改时化整为零分隔房产，导致很多建筑群的整体性不复存在，被分割的局部经过各家几十年不断拆建，早已看不出原有的格局，留下的往往只是精细的局部，难以窥其"庐山真面目"。

5. 缺乏文化认同感

土改时传统建筑易主，大多非子嗣一脉相承，继承者对于建筑在精神层面普遍缺乏认同感。"器"被继承，"道"却没有被继承下来，人们只是把老房子当作生活用品，对于维护修缮缺乏文化上的内在动力。如今古建筑保护工作举步维艰，很大原因是主客体关系存在错位——屋主缺乏保护的动力和能力，热衷保护的人又没有主权。加之政策对流动的限制等原因，导致古建筑难以得到应有的维护。

6. 心态及审美

古建筑之有别于现代建筑，细节是一大原因。现代生活追求短平快，精耕细作之事，人们只乐欣赏，鲜有人乐意营造，传统建筑形式渐趋高端化和小众化。在乡间，差距更甚。不少乡村居民仍停留在关心建筑使用功能的阶段，对环境和建筑形式美并不在意，即使有所顾及，也喜爱追逐流行款式，新建筑上难觅传统建筑的符号。年轻工匠不习祖艺，传统技艺逐渐失传，这也加剧了古建筑维修的困难。

30 朗梓覃氏宗祠窗棂上的木雕，右侧为原物，左侧为3D雕刻后做旧的新木雕制品。在技术飞速发展的今天，再造并非难事，但前提是原物得以保留或留下详细的测绘资料

31 阳朔格格树酒店，由古民居改造而成

32 兴坪喜岳云庐酒店，成功改造了村中的几栋传统民居，拥有了先进的设备和舒适的室内空间，却依旧保持了古朴的建筑外观

30

31

32

7.3 我们还能做些什么

面对上述分析，我们看似无能为力，实则大有可为：

7.3.1 留住基因

对于物质文化遗产，我们可以进行拍照、测绘、修复。

智能手机时代，照相、定位都成为手机的基本功能，户主和研究者均可拍摄大量照片（最好是两点透视）进行记录，并留下建筑的位置信息，为日后分析研究和复原留下第一手资料。

测绘则是更进一步的记录，现在的设备不但可以用无人机从空中进行拍摄，还能通过三维扫描直接生成建筑模型，对建筑内外均可进行详尽的分析。点云技术以及3D雕刻可以高保真地复制精细建筑构件，在重点文物的修复工作中已经得以运用……

33　朗梓村覃氏宗祠原有木雕

34　阳朔喜鹊餐厅，也是古民居再生的典范之一。民宿运营不再是等靠要的被动保护方式，而是让古建筑重新投入使用，令它们再度活跃起来，发挥其使用价值，依靠经营收入进行维护，从而进入良性循环

35　用于航拍的遥控无人机弥补了现场调研和测绘时空中视角的空白

但测绘有一定门槛，需要设备和技术支持，往往非个人自身财力可及。户主可积极上报建设主管部门，对古民居进行登记，待时机成熟时立项进行测绘。保护和重新利用的关键环节，还是在于户主的关注程度。世上无难事，世上也无易事。

政府有专项资金对部分重点文物进行修复。名录之外的古民居，可考虑结合民宿经营的方式引入资金进行修复和改造，在维持原有形态的基础上改善内部功能，让建筑投入使用，重新发挥自身价值，老树发芽，枯木逢春。阳朔的格格树、喜鹊、秘密花园、喜岳云庐等都是老建筑再利用的成功案例。

36 标榜学院的校训

37 中国女红坊

7.3.2　留住手艺

对于非物质文化遗产，我们需要建立工匠库。

记录仅仅能让我们看清表象，而传统建筑的营造技艺，却掌握在民间匠人手中，他们就是当世的鲁班。如果没有他们，记录再多、设计再妙也是纸上谈兵。中国数千年来的营造技艺都是靠师徒口口相传，虽留下很多伟大奇迹，但工匠名不见经传，地位不高，且鲜有著作存世，许多技法现已失传。应该如何保护工匠？

1.　成立职业学校

四川国际标榜职业学院值得参考。其办校宗旨之一，就是留住手艺。该校聘请资深工匠作为教师，使他们得以蜕变，甚至有条件著书立说，青史留名。这种办学手法为提高工匠社会地位提供了机遇，值得借鉴，但需要有关部门和企业家的支持。如果在桂林地区也能办起这样一所学校，许多传统技艺将有望得到有体系的传承。

迂曲牛山路几盘，殿庭藻井似螺环。
分明万历留遗在，始建犹传属鲁班。
巧夺天工技足奇，移梁换柱出深思。
犹存姓字碑文里，二百年前一匠师。

（殿始建于万历二十四年）

——卢绳《李庄石牛山旋螺殿二首》

（1943 年春）

38　图书馆。馆中家具均为收藏品，但校方大度地提供给学生使用，使他们除了研习技艺，还能在传统文化环境中得到熏陶。文化是潜移默化地传承的，润物细无声

39　"祖屋"图书馆的室内螺旋楼梯。此屋由工匠教师营造，取名祖屋，意在不忘传承

40 学校博物馆中收藏的各式梳妆台

41 陶艺工作室内景

42 继续教育学院木作教室

43 继续教育学院的张老师和彭老师正在进行小木作雕刻工艺示范

44

45

46

47

2. 成立工匠协会和专家库

工匠协会和专家库可以将散落在民间的高手整合起来，提高其知名度并更大限度地发挥其个人价值，协会对于传承建筑工艺和提高建设质量意义重大。

3. 实施工艺认证制度

工艺水平不到位，是现代乡土民居问题的重要诱因之一。良好的城市和乡村面貌，与工匠的整体素质以及求道精神是分不开的，如果没有他们把住实施这道关，再精妙的设计也无法实现。通过相关机构对工匠加以培训，并实施认证制度，公布具备合格资质的人选信息，有利于规范乡村建设市场。

44～47

成都东郊博客小镇的施工现场，一位年轻的匠师正在现场用砖头和砂浆制作围脊端头的祥云造型，动作挥洒自如，行云流水。十分钟后，一朵祥云浮上脊端，而他已经转到屋脊的另一头，开始劈砖制作第二朵祥云

48、49

岂真梓匠非君子？未必陶舆不丈夫。一丝不苟的工匠精神，令人不得不肃然起敬

48

49

50

50 德国小镇菲森的一所民宅，两位专业人员正在陡峭的坡屋顶上安装顺水条和挂瓦条。这种构造工艺使陶瓦和屋面之间具有保温和通风的空气层，并有钢钩扣住陶瓦，能抵抗台风的侵袭。每一排陶瓦下方已经预留了白色的太阳能光伏电池板线缆

51~53
德国慕尼黑，4位专业人员正用吊车为商店拆换电动卷帘遮阳棚，他们对于安全以及环境干扰的控制都非常到位。施工完毕离开之后，现场没有留下任何痕迹

51

52

53

54　了解我们的过去，是预知未来的前提

7.3.3　留住希望

和人体一样，建筑也在历史长河中不断迭代进化，即使维护得再好，特定时代的建筑也终有作古的一天。物质的消亡不可怕，只要其文化内核有人在传承，就能生生不息。人的守望，才是核心所在。"温故"是为了"知新"，在新建筑的营造之中传承文化基因，体用结合，才是本书的终极目的。

古建筑保护虽不是本书核心内容，但却是它的精神源头，也就是那个"道"，无法绕开。传承文化，责无旁贷，引用一首七律作为小结，与读者共勉。

走马城南问大功，一坊矗立棘驼中。
雨花台上寻遗迹，正学祠前唱大风。
断碣千年凝血碧，残枫一夜带霜红。
修门文献都零落，收拾何人继可翁？

——卢前《秋词八首》（节选）

第 8 章

参考技术要求与评分标准

——如何量化建设元素？

本章根据前面章节所分析的结论，归纳出一套评分标准，将各种建设元素分为2个大类，8个中类，30个小类，按照各类别对乡村风貌影响的大小确定其在评分标准中的权重。乡村居民和工匠可据此梳理本书的内容以及建设中需要思考和注意的问题，各地规划建设主管部门在编制乡村建设管理导则时也可用作参考。此书重在科普，探讨的维度偏重于乡村建设的外部形态，与建设者和管理者需要综合考虑的各种实际情况或多或少存在差距。本章各条建设要求只是对书中观点的提炼和表达，意在提升读者建设理念，不是官方文件。现实中需要遵循的各项建设管理要求，乡村居民应以当地城乡规划建设主管部门依法颁布实施的建设管理规定为准。

某地乡村个人建房参考评分标准

大类	中类	小类	加分权重（%）			序号
建筑元素	层数	层数不超3层	5	7	65	1
		层数不超2层	2			2
	屋顶	全坡屋顶	18	27		3
		灰色调坡屋面铺装	3			4
		屋脊瓦饰	4			5
		屋檐装饰	2			6
	墙	24墙及以上厚度	2	10		7
		适当的窗洞大小	3			8
		自然质感的外墙面	4			9
		采用勒脚	1			10
	建筑构件	传统入户木门	3	16		11
		窗扇平内墙安装	1			12
		独立窗楣	3			13
		窗户描边（窗套）	2			14
		传统造型通风小窗	1			15
		原木或仿木构件	2			16
		外立面不使用欧式元素	2			17
		山墙开窗	1			18
		屋顶设烟囱	1			19
	设备	太阳能热水器有机结合坡屋顶架设	2	5		20
		隐藏储水箱	2			21
		空调外机及排水处理	1			22
景观元素	构筑物	景观院门	4	11	35	23
		景观院墙	4			24
		休憩设施及景观小品	3			25
	绿化	景观乔木	10	23		26
		外墙绿化（攀缘植物）	5			27
		地面花池或盆栽	4			28
		窗台与阳台绿化	4			29
	铺装	透水铺装地面	1	1		30
合计			100	100	100	

某地乡村住房建设参考技术要求

建筑元素部分：

1. 建筑层数宜控制在 3 层及 3 层以下。
2. 屋面应采用全坡屋顶，坡度应在 1：1.5～1：2.5 之间，宜接近 1：2。当建筑为 3 层及以上，屋顶坡度应随层数增加而增陡，取 1：1.5～1：2；建筑层数为 2 层或更低时，可取 1：2～1：2.5。
3. 坡屋面宜采用悬山或硬山两面坡顶，正、侧面出挑宜为 0.6～1 米（自轴线算起），不宜采用四面坡顶。
4. 屋面铺装应采用深灰色调，不应采用高彩度屋面。
5. 屋面铺装宜采用小青瓦，也可适当采用水泥瓦、陶瓦、塑料仿古瓦及金属屋面，但均应为深灰色调。
6. 屋脊中央及两端宜采用各种花色的叠瓦造型。屋檐宜采用瓦当、滴水等装饰构件。
7. 民宅墙体宜采用 24 墙。
8. 开窗大小应与建筑整体风格相适应，不宜过大。面积小于 2.7 平方米的窗洞数目，应占整栋建筑窗洞总数的 3/4 以上，窗口纵横比宜接近 3：2。
9. 建筑外墙肌理宜采用砖、木、石、土、毛面砂浆、真石漆等自然或凹凸质感的材料，不宜铺贴釉面瓷砖或在外墙画砖。
10. 建筑外墙面宜采用贴砖、石、防水砂浆等形式的勒脚。
11. 入户门宜采用传统风格与工艺的木门。
12. 窗框宜平内墙安装。
13. 如设窗楣，应有独立造型，不应采用上层楼板出挑代替窗楣造型。
14. 窗洞外围宜做窗套描边，其色彩应与墙面有一定反差。
15. 建筑外墙宜设传统造型的通风小窗。
16. 门、窗、封檐板、外露梁、枋、柱、栏杆等构件宜采用原木或仿木构件，仿木涂料彩度不宜过高。
17. 罗马柱、花瓶柱等欧式风格构件可用于室内装饰，不应用作建筑外观构件。
18. 在满足消防要求的前提下，山墙宜开小窗改善通风，丰富采光效果。
19. 乡村住宅宜设置烟囱从屋顶排烟，不宜从厨房窗口低空侧向直排。
20. 太阳能热水器不应破坏坡屋面的造型。集热管应顺应坡面角度，储水箱应尽量置于坡屋面以下。
21. 民宅坡屋面足够陡时，应将水箱等设备设置于坡屋面下的空间内，不应安装于屋顶之上。
22. 空调室外机在具备合理隐藏条件时，可采用植物或格栅遮挡；当不具备遮挡条件时无须刻意遮挡，可着色使之接近外墙色调，但不宜做三面围合的金属笼子强行遮挡。
23. 空调冷凝水应有组织排放，不应滴至路面影响他人通行安全或落在雨棚上发出响声扰民。

景观元素部分：

24. 有条件设置院门、院墙的住户，宜采用传统风格或各种景观手法进行处理，不宜过分简陋。
25. 住宅旁宜设置休憩设施及景观小品。
26. 住宅及田间水边有闲置空地时，宜种植景观乔木及各种花卉进行绿化。
27. 建筑外墙、院墙宜采用攀缘植物进行绿化。
28. 民宅宜在窗台、外墙、入口、宅旁等位置采用盆栽或地面花池进行绿化。
29. 确需安装防盗网时，主要网格走向宜采用横向排列。
30. 非交通性的活动场地，宜采用透水铺装，不宜整板硬化。

8.1   建筑层数不超3层   5分

作用及意义：改善村庄内拥挤的空间感，提高房间使用效率，节约资金用于改善环境。

说明：建筑层数超过3层的，此项不加分；3层以内的（含3层），加5分。具体分析请参阅6页1.2.3、22页2.2、33页2.5相关内容。

层数在3层及3层以内   加5分

层数超过3层   不加分

8.2   建筑层数不超2层   2分

建筑层数为2层及2层以下的，在8.1的基础上再加2分，累计加7分。

2层及2层以下，共加7分

2层及2层以下，共加7分

8.3　全坡屋顶　18分

作用及意义：全坡屋顶是所有加分项目当中最关键的一项。依靠足够大的坡度与出挑，使"宝盖"的体量能够镇住下面的墙体，形成合理的上下比例，优化建筑造型，控制过大的体量感；依靠拱起的屋顶形成足够面积的远观主导色面，统率建筑群的整体视觉效果。坡屋顶是人工环境向自然环境过渡的重要媒介。

说明（以两坡顶为例）：（1）主体建筑屋面，从屋脊到正面外墙，以及屋脊到背面外墙须一坡到底；（2）坡度在 1：1.5～1：2.5 之间；（3）屋檐正、侧面出挑在 0.6～1 米之间。同时满足以上 3 点即为合格，加 18 分。当建筑为 3 层及以上，屋顶坡度应随层数增加而增陡，可取 1：2～1：1.5；建筑层数为 2 层或更低时，可取 1：2～1：2.5。坡度缓于 1：2.5 可酌情加分，平屋顶、平坡相连的屋面、坡面女儿墙均不加分。具体分析详见 15 页 2.1、32 页 2.4、33 页 2.5 以及第 3 章参考户型图片。

满足全坡、坡度、出挑条件的　加 18 分

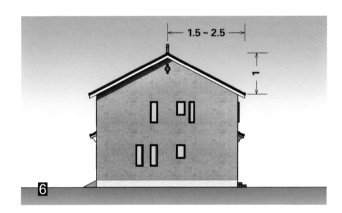

合格的坡度示意

平坡相连不加分

坡面女儿墙不加分

坡度过缓不加分

平屋顶不加分

8.4 灰色调坡屋面铺装 3分

作用及意义：将各种杂乱的建筑线条与色块融于一个统一的背景色调中，化解杂乱感，使建筑的人工界面和谐地过渡到自然环境。桂林的山水人文气质不适合高彩度的屋面色彩，而适合灰色调的屋顶。

说明：民宅坡屋面首选传统小青瓦和连体小青瓦，加3分。低彩度水泥瓦、仿真塑料瓦、油毡瓦、深灰色金属屋面等灰色调面材也满足本条件，加3分。高彩度屋面、屋顶不铺瓦的均不加分。详情请参阅15页2.1、120页4.1.1、236页6.6及第3章参考户型图片。

低彩度水泥瓦、陶瓦 加3分

仿真塑料瓦 加3分

连体小青瓦 加3分

油毡瓦 加3分

小青瓦 加3分

灰色金属屋面 加3分

8.5　屋脊瓦饰　4分

作用及意义：清水脊与坡屋顶共同勾勒出建筑的天际轮廓线，对于建筑外形至关重要；清水脊的各种叠瓦形式，是一个地区标志性的文化符号，应予以发扬。

说明：高坡垄正脊脊身叠瓦，以及脊端蝎子尾（象鼻子）叠瓦均砌出相应造型的，即满足本条件，加4分。仅做出了直线脊身，中间和两端没有相应起翘造型的，酌情加分。具体分析详见121页4.1.2以及第3章参考户型图片。

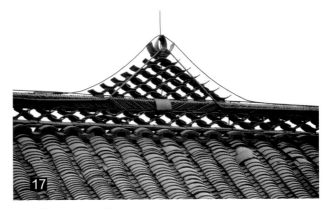

各种脊身叠瓦　加4分

各种脊身叠瓦　加4分

各种脊身叠瓦　加4分

各种脊端蝎子尾叠瓦　加4分

各种脊身叠瓦　加4分

各种脊端蝎子尾叠瓦　加4分

有脊身无叠瓦造型的　酌情加分

8.6 屋檐装饰 2分

作用及意义：美化建筑外轮廓，增加建筑细部，传承地方特色。

说明：屋檐端头瓦采用特定造型之花边瓦的，以及采用木制封檐板或涂料对檐口进行装饰的，符合其中一条，即满足本条件，加2分；铺贴釉面瓷砖不加分。详情请参阅第3章参考户型图片及122页4.1.3相关内容。

采用花边瓦或滴水瓦的 加2分

简约的白头花边瓦 加2分

采用花边瓦或滴水瓦的 加2分

简约的白头花边瓦 加2分

檐口设木制封檐板的 加2分

屋檐端头瓦未做任何装饰的 不加分

屋檐铺贴釉面瓷砖 不加分

8.7　外墙采用 24 墙及以上厚度 2 分

作用及意义：改善建筑保温节能；提升建筑的厚重感，延长其审美寿命。

说明：外墙采用 24 墙以及更大厚度的，满足该条件，加 2 分。12 墙和 18 墙不加分。 详情请参阅 47 页 2.10 相关内容（第 3 章所有参考户型均采用 24 墙）。

采用 18 墙的　不加分

采用 12 墙的　不加分

采用 24 以上墙体的　加 2 分

采用 24 墙的　加 2 分

8.8   适当的窗洞大小   3分

作用及意义：改善建筑保温节能，优化建筑外观虚实比例。

说明：单个面积不超过2.7平方米的窗洞，其数目占整栋建筑窗户总数的3/4以上，即满足本条件，加3分。窗口纵横比接近3∶2较为适宜。具体分析详见40页2.8以及第3章参考户型图片。

适宜大小的窗洞   加3分

适宜大小的窗洞   加3分

适宜大小的窗洞   加3分

过大的窗洞超过建筑总窗洞数1/4的   不加分

适宜大小的窗洞   加3分

8.9 自然质感的外墙面 4分

作用及意义：改善建筑的近距离观感，凸显乡土建筑的自然气质。

说明：建筑外墙采用砖、木、石、土、毛面砂浆、真石漆等具有凹凸表面或自然肌理的材料及绘画（不含画砖）均满足条件，加4分；墙面画砖的可酌情加分；釉面瓷砖、光滑墙面不加分。具体分析详见35页2.7以及第6章所有内容。

清水砖或贴砖墙面   加4分

凸面真石漆   加4分

石砌或铺贴毛石墙面   加4分

毛面砂浆   加4分

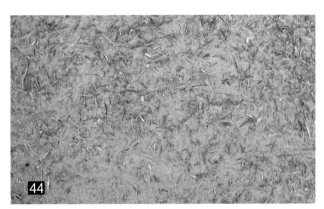

传统毛面泥灰   加4分

木制外墙或贴木、仿木外墙   加4分

光滑墙面、贴釉面砖墙   不加分

8.10　采用勒脚　1分

作用及意义：保护墙体根部免受雨水侵蚀；丰富建筑立面层次，增加稳重感。

说明：建筑外墙墙脚采用贴砖、石、防水砂浆等勒脚形式，与主体墙面有不同肌理或色彩的，均可加1分。具体分析详见137页4.5.2以及第3章参考户型图片。

石砌勒脚　加1分

贴毛石勒脚　加1分

贴毛石勒脚　加1分

贴卵石或其他毛面石材勒脚　加1分

防水砂浆勒脚（与墙色不同）　加1分

改良传统泥灰勒脚　加1分

8.11　传统入户木门　3分

作用及意义：传承文化特色，突出自然建材的质感之美。

说明：传统住宅入户门有木门框、木门扇、门簪、门枕石以及外侧矮门等五项要素，新建住宅时采用其中三项以上的，即满足本条件，加3分。具体分析详见126页4.3以及第3章参考户型图片。

采用简约门簪的，符合门簪要求

采用精雕门簪的，符合门簪要求

采用木制矮门的，符合矮门要求

采用木门框与木门扇的，符合相应的两条要求

采用水泥仿门枕石的，符合门枕石要求

采用青石门枕石的，符合门枕石要求

8.12　窗扇平内墙安装　1分

作用及意义：强化建筑的立体感和厚重感；防止雨水顺窗扇流进室内。

说明：窗扇平内墙或靠近内墙安装（以拉动窗帘时不刮擦窗户把手等构件为前提），加1分。平外墙安装的不加分。具体分析详见47页2.10以及第3章参考户型图片。

平外墙安装窗扇　不加分

平内墙或贴近内墙安装窗扇　加1分

窗扇平外墙安装剖面示意　不加分

窗扇平内墙安装剖面示意　加1分

8.13　独立窗楣　3分

作用及意义：改善简化的挡雨板对建筑外形造成的负面影响，重塑建筑外立面。

说明：一个窗洞对应一个覆瓦的独立窗楣（瓦色与屋面瓦相同或近似），即满足本条件，加3分。（几个瘦高小窗密集排列时可共用一个窗楣）其他独立造型的窗楣酌情加分。不设窗楣的不加分；依靠上层楼板出挑，横贯整个墙体的挡雨板不加分，将其做成坡面的酌情加分。具体分析详见46页2.9、132页4.4.2及第3章参考户型图片。

独立坡面窗楣　加3分

独立坡面窗楣　加3分

独立坡面窗楣　加3分

直接出挑楼板横贯外墙的　不加分

独立坡面窗楣　加3分

8.14　窗户描边（窗套）　2分

作用及意义：增加窗户细节，传承地方特色。

说明：描边厚度凸出墙面约1厘米，与墙体颜色有适当差异即满足本条件，加2分。采用传统材料、涂料均可，铺贴釉面瓷砖不加分。有着色但没有外凸造型的，加1分。在一栋建筑当中，部分主要房间的窗户有描边即可，所有窗户都描边是不可取的。具体分析详见133页4.4.3以及第3章参考户型图片。

描边凸出墙面并与之有色差　加2分

描边凸出墙面并与之有色差　加2分

8.15　传统造型通风小窗　1分

作用及意义：传承地方特色；通过各种大小与外形各异的窗口产生对比，丰富建筑立面；利用高差产生的拔风效应通风换气。

说明：在建筑顶层外墙开设单个面积不大于0.3平方米的传统造型小通风窗即满足本条件，加1分。有条件者应尽量在内侧设置窗扇。具体分析详见134页4.4.4以及第3章参考户型图片。

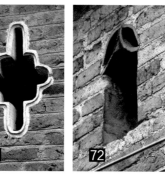

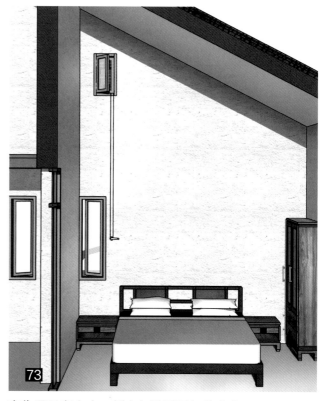

各种传统造型高位通风窗　加1分

高位通风窗室内一侧宜加设可开闭的窗扇

8.16　采用原木或仿木构件 2分

作用及意义：鼓励人们采用具有乡村质感的传统建材。

说明：建筑主体的外露构件，如外墙、木柱、木梁、栏杆、木门、木窗、木封檐板等，只要有一种以上构件采用原木或仿木材料，即满足该条件，加2分（须在建筑外观上可见才算，室内门和家具不算）。具体分析详见215页6.2以及第3章参考户型图片。

采用木门窗　加2分

采用木栏杆　加2分

外墙、梁、柱、枋、椽采用木材　加2分

采用混凝土、砂浆仿木构件　加2分

采用混凝土、砂浆仿木构件　加2分

采用混凝土、砂浆仿木构件　加2分

8.17   外立面不使用欧式元素
2分

作用及意义：减少不当使用欧式建筑元素对桂林山水人文气质造成的不利影响。

说明：乡村住宅外立面不使用罗马柱、花瓶柱（常被用于阳台栏杆）等建筑构件的，加2分。使用上述构件的，不加分。具体分析详见51页2.12中的第3点。

在建筑外立面采用罗马柱　不加分

在建筑外立面采用欧式构件　不加分

在建筑外立面采用欧式花瓶柱　不加分

8.18   山墙开窗   1分

作用及意义：改善通风采光，丰富室内光影效果；避免外墙块面过大而显得单调；鼓励村民合理分配室内外空间比例，享受建筑外部空间。

说明：在满足消防和卫生要求的前提下，山墙开窗的，加1分（西向山墙不宜开大窗）。具体分析详见40页2.8以及第3章参考户型图片。

山墙开窗的　加1分

8.19   屋顶设烟囱   1分

作用及意义：避免烹饪油烟干扰上方楼层及邻家生活。

说明：采用成品烟囱或与建筑一体化设计施工的烟囱，经屋顶排烟的，加1分。未设烟囱以及后期加装的金属烟囱均不加分。具体分析详见139页4.5.4以及第3章参考户型图片。

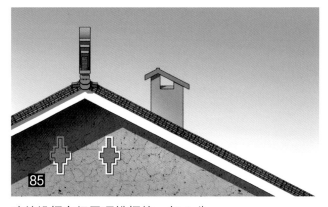

建筑设烟囱经屋顶排烟的　加1分

8.20　太阳能热水器有机结合屋顶架设　2分

作用及意义：避免架设在屋顶的太阳能设备对建筑外观的不利影响。

说明：将热水罐隐藏于坡屋面之下，集热管平行于屋面安装，即满足本条件，加2分。将整套设备不加遮掩地直接架设于坡屋顶或平屋顶上的均不加分。具体分析详见34页2.6相关内容。

贴合坡屋面倾斜度架设的太阳能设备　加2分

直接架设于屋顶的太阳能设备　不加分

贴合坡屋面倾斜度架设的太阳能设备　加2分

8.21　隐藏储水箱　2分

作用及意义：避免架设在坡屋顶上的水箱对建筑外观形成不利影响。

说明：将水箱设置于坡屋顶下方的拱形空间内，或采用其他手法隐藏水箱，使其不影响坡屋顶外观，即满足本条件，加2分。不加遮掩地将水箱直接架设在坡屋顶或平屋顶上的均不加分。具体分析详见34页2.6相关内容。

水箱直接架设在坡屋顶或平屋顶上　不加分

水箱隐藏于坡屋顶下方空间内　加2分

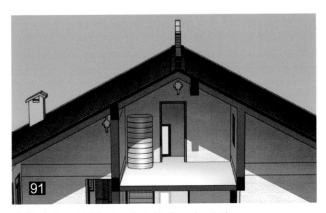

水箱隐藏于坡屋顶下方空间内　加2分

8.22 空调外机及排水处理
1分

作用及意义：减少空调室外机安装位置不当以及用格栅过度遮挡室外机给建筑外观和设备正常运行带来的负面影响；减少设备运行噪声、震动以及空调冷凝水对居民生活的干扰。

说明：符合下列6个条件之一，即可加1分。（1）不同楼层的空调外机上下排列整齐，管线横平竖直的；（2）半数以上外机位于侧面外墙的；（3）为空调外机喷漆着色，使之与背靠的外墙色彩接近的；（4）结合建筑外墙凹角做转角格栅，不超过两个面，或利用植物和景观手法自然地隐藏空调外机的；（5）为空调外机安装橡胶或弹簧减震垫的；（6）组织排放空调冷凝水的（靠近卫生间的空调可穿墙将冷凝水排入卫生间用于冲厕，以节约水资源）。

本书不主张另做笼子罩住室外机的做法，欲盖弥彰反而更强化了空调外机的体积感与存在感，增加了检修的难度。密集的栅格会阻挡出风散热，影响空调制冷效果，浪费能源，弊大于利。

外机安装排列整齐、管线规整的 加1分

利用建筑内凹空间适当遮挡的 加1分

做笼子过度遮挡的 不加分

斜拉空调管线，未横平竖直走管的 不加分

利用景观元素自然地加以遮挡的 加1分

8.23　景观院门　4分

作用及意义：强调民居入口，丰富建筑外观，凸显乡土特色。

说明：在满足当地宅基地政策的前提下，有院落的民宅采用经过设计的传统坡屋顶院门、绿篱院门或其他形式的院门，并与外部环境相协调的，加4分。造型过于简单或风格与大环境冲突者，不加分。具体分析详见140页4.6.1、172页5.6以及第3章参考户型图片。

院门未做设计，造型过于简单的　不加分

院门未做设计，造型过于简单的　不加分

绿篱院门　加4分

传统坡屋顶院门　加4分

传统坡屋顶院门　加4分

与主体建筑和外部环境相协调的院门　加4分

8.24　景观院墙　4分

作用及意义：通过院墙的遮挡消减建筑高大的体量感，丰富近人尺度的景观界面。

说明：在满足当地宅基地政策的前提下，有院落的民宅采用竹木、砖石、绿篱、金属等材料，经过造型设计，具有一定形式感并与外部环境相协调的，加4分。造型过于简单或风格与大环境冲突者，不加分。具体分析详见49页2.11、141页4.6.2、175页5.7以及第3章参考户型图片。

竹木围栏景墙　加4分

植物构成的绿篱景墙　加4分

带瓦饰的砖砌或贴砖景墙　加4分

石砌景墙　加4分

砖石土瓦混合景墙　加4分

8.25 休憩设施及景观小品（含非物质文化遗产） 3分

作用及意义：为人们提供休憩的场所，给居住环境注入更多文化和审美内涵，丰富人文景观。

说明：（1）供人休憩的设施，只要形式与环境协调，繁简不限，位置不限——住宅周边、道路两侧、田间地头均可；（2）景观小品，只要是为美观特意为之即可。以上两点满足其中之一，即可加2分。非物质文化遗产（主要是各种动态的生产活动）只要操作者愿意长期对外展示，加1分。具体分析详见164页5.4、167页5.5、194页5.12。

秋千等运动设施　加2分

非物质文化遗产展示的　加1分

与环境协调的休憩设施　加2分

田间地头的休憩设施　加2分

既是非物质文化遗产展示，又是小品的　加3分

村中或田里的小品　加2分

8.26　景观乔木　5分/10分

作用及意义：柔化建筑过硬的线条；通过遮挡，消减建筑的体量感；为居住空间营造舒适的外部环境和自然气息，净化空气；通过控制环境温度促进建筑节能。

说明：该项目分为两档，5分及10分。只要种植1棵及以上胸径不小于6厘米的树（位置不限），即获得加分资格——种植经济型树种（如柑橘、桃树、山楂等果树以及竹子），加5分；种植大型景观树种（樟树、枫香、乌桕、银杏、松树、榕树、梧桐、柳树、木棉等大型乔木），则可获得满分10分。具体分析详见24页2.3、188页5.10。

种植胸径6厘米及以上的景观乔木　加10分

种植胸径6厘米及以上的景观乔木　加10分

种植胸径6厘米及以上的经济型树种　加5分

种植胸径6厘米及以上的景观乔木　加10分

种植胸径6厘米及以上的经济型树种　加5分

种植胸径6厘米及以上的景观乔木　加10分

8.27　外墙绿化（攀缘植物）
##　　　5 分

作用及意义：化解墙面单调感，柔化建筑线条，扩大绿化面积，改善建筑近距观感，保温节能。

说明：各种攀缘植物均可，上墙面积超过 2 平方米即为合格，加 5 分。具体分析详见 155 页 5.2。

墙脚绿化，覆盖墙面超过 2 平方米的　加 5 分

上墙的攀缘植物面积超过 2 平方米的　加 5 分

上墙的攀缘植物面积超过 2 平方米的　加 5 分

上墙的攀缘植物面积超过 2 平方米的　加 5 分

8.28 地面花池或盆栽 4分

作用及意义：美化地面环境，提升居住水平，给留守老人和儿童以精神寄托。

说明：花池、盆栽均可，品种、规模不限。3株（或3盆）及以上即为合格，加4分。本条也包含景观田及果园，但必须配备休憩设施的才满足本条件。具体分析详见159页5.3、192页5.11。

民宅窗外与墙脚绿化 加4分

民宅入口空间绿化 加4分

民宅入口空间绿化 加4分

民宅入口盆栽绿化 加4分

民宅周边消极空间绿化 加4分

民宅周边场地绿化 加4分

8.29 窗台与阳台绿化 4分

作用及意义：美化窗台与阳台，提升建筑内外的双向景观。

说明：植物品种不限，建议种植开花植物。3株及以上即为合格，窗台与阳台之间，只要有一个实施绿化的即可加4分。具体分析详见149页5.1。

各式窗台绿化　加4分

各式窗台绿化　加4分

各式阳台绿化　加4分

8.30 透水铺装地面 1分

作用及意义：减少地表径流和泥泞，降低排水负担，回补地下水；营造贴近自然的活动场地。

说明：非交通性的活动场地及停车场，采用碎石子或透水砖铺装的，即满足条件，加1分。满铺水泥或不透水的地砖，不加分。具体分析详见178页5.8。

碎石铺地　加1分

透水砖或石板铺装，石间留缝可渗水的　加1分

碎石与铺砖结合，仍可透水的地面　加1分

附　录

　　本书对乡村建设中存在的一些问题进行了分析，相信读者在阅读过程中也会有所想法。结尾时做个归纳，希望大家再次思考和权衡。每一种解决方案，都有一定的代价，这是世间的道理。能够解决的问题，现在就可以着手；暂时解决不了的，至少应该明白问题所在，以及解决的方向——虽不能至，心向往之。这些问题同时也是问卷，读者可就自己关心的问题与我们交流，内容多多益善，寥寥几句也可。只要有您的关注，建设宜居家园就指日可待。如有乡村居民参照本书的内容实施了建设，请及时与我们联系，最好能发来图片，我们会在时间和精力许可的情况下尽量给予建议，并争取将其作为范例进行推广。读者们如有意见和建议，请发邮件到 447230717@qq.com，我们会仔细研读并尽量反馈。

思考交流问卷

1. 如果您选择今后长期留在乡村生活，希望从事哪种产业？
2. 您对留守在乡村的父母孩子居住现状是否满意？是否愿意为他们做些提升？
3. 老人与孩子平时如何打发时间？主要娱乐方式是什么？
4. 如果您正在努力或已经成为城市居民，乡下的房子是否只有老人居住或闲置？今后准备如何处置？
5. 您认为现在乡村建设中存在哪些好的现象和不好的现象？
6. 您认为这本书中遗漏了哪些您亟待交流的问题？
7. 您所在的村庄有什么主导产业？农业集约化生产以及生态农业的发展状况如何？
8. 您所在的区域民宿发展情况如何？

9. 您认为让汽车占据一大片本可让人生活得更为舒适的室内空间或者院落空间是否值得？
10. 您所在的村庄是否有可能在主干道旁或村外设置多个小型集中停车场供村民停车？您对停车后步行一小段距离回家持何态度？
11. 您认为村庄支路通行机动车是利大于弊还是弊大于利？为什么？
12. 您对于地面采用碎石等透水铺装有何看法？

13. 您觉得自己现有的住房有哪些地方用起来不满意，需要改进？
14. 您对于自家住房的外部环境是否满意？是否愿意付出代价进行改进？
15. 当地风俗有何独特的讲究或忌讳？您知道它们的由来吗？对此您如何理解和看待？
16. 建房前期您是否参与了设计构思？还是所有问题都委托施工队考虑？
17. 当地的房屋造价与人工价格大致是什么水平？建房一般采用怎样的支付方式？
18. 您认为这本书里面有哪些提法有可能在自己家里实现？
19. 您认为人们把宅基地指标全部用于修建房屋，不留室外空间，以及把房子修到3层以上是出于什么考虑？他们是否因此提高了生活质量？
20. 您认为第3章提到的户型B（改良的二层三大空）是否有推广的可能？为什么？
21. 您家屋顶与外墙是否有渗漏情况？据您分析是什么原因所造成？如何解决的？
22. 坡屋顶的造价高于平屋顶，但也有诸多好处。看过本书之后，您对坡屋顶持怎样的态度？

23. 您的房子隔热保温性能跟以前的老房子相比如何？是否需要经常使用空调？

24. 本书介绍了一些具有凹凸肌理和自然质感的墙面，您能否接受这种审美？是否愿意在建房时采用？

25. 您家顶层房间和露台的使用率如何？

26. 如果家里至今没有种植花草树木进行绿化，您认为是被什么原因所限？是否愿意尝试？

27. 您家里是否有院子？如果房前屋后有空地却没有围合院子，原因是什么？

28. 当前家里排污和垃圾是如何解决的？

29. 您是否也希望水箱、太阳能热水器破坏建筑外貌的情况有所改观？

30. 如果由当地人共同筹资建设集中供水设施，取代屋顶的储水箱，您对此持什么意见？

31. 您家厨房烹饪主要使用哪些能源种类（如煤气、柴、电、沼气或太阳能）？各自占比如何？

后 记

授人以鱼，不如授人以渔，人生无处不设计。与其提供图纸，不如探讨心路。

做事都有个思考的逻辑过程。首先为什么做？其次是做什么？最后才是怎么做。这几个问题要贯穿行动的全过程，并不断拷问自己，否则就可能失去继续的动力或者偏航。

以此类推，人首先要有了追求美的愿望，然后思考追求什么，以及怎么实现。前两个问题，主要应该由业主考虑，只有最后一个问题——如何实现，才应由业主与施工人员共同考虑。由于思考比较烧脑，所以人们往往将这三个问题一起扔给了施工人员，也间接造就了当今乡村面貌的诸多遗憾。想要改善，就须亲自参与，不应逃避。

这本书的目的，就是希望寻找前两个问题的答案。至于最后一个问题，网络上，书店里，技术资料汗牛充栋，不缺这一本。在互联网时代，只有想不到，鲜有做不到。因此我们将本书受众定位为乡村居民与乡村工匠。缺了他们的参与，不可能有效改善乡村面貌。

同时希望这本书能为留守儿童开启一扇窗，在他们心中播下一粒种子，为他们启蒙。

家中几位长辈，皆毕生致力于传统文化的保护与传承，当年他们或撰修史志文献并专注教育，或投身临时议会推进共和，或创作词集《中兴鼓吹》鼓舞抗日救亡，或追随营造学社考察中国古建筑。无论在故土还是流亡途中，乡村的教育与发展，从未离开过他们的视线。前人的守望，也为我们的研究提供了持续的精神动力。文中引用他们的诗词和墨宝应景，并做此标志，以纪念祖辈与表伯，就算是他们仍在关注着乡村吧。希望读者也能从诗词中有所感悟。

恩师鲁愚力先生、卢侃、卢佶二位表兄以及卢倓表姐，虽年高仍学不止步，身教胜于言传。他们辐射出的热量以及提供的文献，对本书之成立至关重要；许稳刚、林兵二位队友的并肩努力，以及他们在讨论中以不同的视角不断给予的启示，才使这本"初探"的各种观点得以成形。

衷心感谢桂林市综合设计院的鼎力赞助。同样有着振兴乡村情怀的封宁、马刚、龙良初、邓云波、孙宝燕、高霄翔等诸位先生和李兵、郭宏宇、杨亚彬三位女士对本书提供了宝贵的意见和资料，才使本书达到这一起点。黎睿女士以及王辉、诸葛明来、潘世创、邓致远、杨荣生、白小刚、李蓝图等诸位先生以及阳朔各村委、街委的负责人在调研工作中给予了有力的支持和帮助，在此深表感谢！

乡村，承载着无数人的热爱和乡愁。当前的她还不够美，究其原因，除了物质方面的差距，更多源于精神层面，人们心中的热情没有点燃，缺乏追求美的动力，也缺少接触美的机会。在此抛砖引玉，将我们历年所见及心得与广大乡村居民分享交流。建设美好家园是一次远航，希望本书能有幸成为点火一瞬。